U0201522

# 机器能取代法官吗？

## 人工智能、数据科学与法律

刘 庄
卢圣华

著

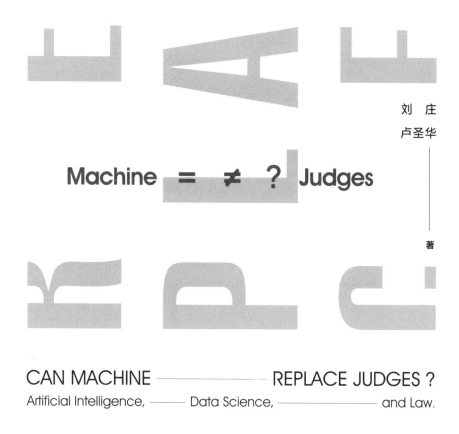

Machine = ≠ ? Judges

CAN MACHINE ——————— REPLACE JUDGES？

Artificial Intelligence, ——— Data Science, ——————— and Law.

北京大学出版社
PEKING UNIVERSITY PRESS

**图书在版编目（CIP）数据**

机器能取代法官吗？：人工智能、数据科学与法律／
刘庄，卢圣华著. -- 北京：北京大学出版社，2025.1.
ISBN 978-7-301-35519-0

Ⅰ. TP18；TP274；D9

中国国家版本馆 CIP 数据核字第 2024V7V119 号

| | | |
|---|---|---|
| 书　　　名 | 机器能取代法官吗？：人工智能、数据科学与法律 | |
| | JIQI NENG QUDAI FAGUAN MA？：RENGONG ZHINENG、 | |
| | SHUJU KEXUE YU FALÜ | |
| 著作责任者 | 刘　庄　卢圣华　著 | |
| 责 任 编 辑 | 潘菁琪　方尔埼 | |
| 标 准 书 号 | ISBN 978-7-301-35519-0 | |
| 出 版 发 行 | 北京大学出版社 | |
| 地　　　址 | 北京市海淀区成府路 205 号　100871 | |
| 网　　　址 | http://www.pup.cn　http://www.yandayuanzhao.com | |
| 电 子 邮 箱 | 编辑部 yandayuanzhao@pup.cn　总编室 zpup@pup.cn | |
| 新 浪 微 博 | @北京大学出版社　@北大出版社燕大元照法律图书 | |
| 电　　　话 | 邮购部 010-62752015　发行部 010-62750672 | |
| | 编辑部 010-62117788 | |
| 印 刷 者 | 涿州市星河印刷有限公司 | |
| 经 销 者 | 新华书店 | |
| | 880 毫米×1230 毫米　A5　9.375 印张　213 千字 | |
| | 2025 年 1 月第 1 版　2025 年 1 月第 1 次印刷 | |
| 定　　　价 | 59.00 元 | |

# 目　录

# 前　言

2015 年的一个星期二下午,我走进芝加哥大学法学院地下一层最内侧的教室,参加三点半的法律经济学讨论会。这一天介绍论文的是一位经济学教授,论文题目是《人类决策和机器预测》(Human Decisions and Machine Predictions)。在场坐了不少法学院的老师,波斯纳父子(Richard A. Posner 和 Eric A. Posner)、伊斯特布鲁克(Frank Easterbrook)、兰德斯(William M. Landes),还有几名研究生。我很难忘记演讲嘉宾介绍论文后,教室里为时不短的沉默。以往的研讨会上,由于听众不停提问,罕有演讲嘉宾能在一个半小时里讲完头几页 PPT。那天的会上,几乎没有听众插话。对演讲嘉宾如此"放纵",在我的经历里还是头一次。情况是,在场的听众都有些错愕,这种错愕凝结在安静的气氛之中。提问随后才纷纷而来。

《人类决策和机器预测》以严格的方式证明,在保释问题上,机器能够作出比法官**更好**的判决。法律决策向来被认为是最为复杂的人类决策之一。机器能够替代法官,这种震撼难以言表——听众中不乏我们时代最好的法律学者,即便在他们看来,这一研究也足够震动人心。从作者的研究结论来看,可能会更好理解这种心情——"我们的研究结果意味着,在保持监狱在押人员规模不变的情况下，(以机器替代法官进行决策)将减少犯罪率达 20%"，"这意味着如果将我们的算法推向全国，约等于为全国增加了两万名警察"①。换成更直白的话来说，有了这一算法，我们可以解雇美国全部保释法官，社会将变得更为美好。

\*\*\*

科学的进展当然是逐步的。《人类决策和机器预测》只将研究限制在了一个很小的领域——美国法官的保释决策。在犯罪嫌疑人被逮捕后，保释法官需要在很短的时间内决定是保释犯罪嫌疑人还是将其收监等待正式开庭。至于为什么要把问题限定在这一狭小领域，以及，为什么对这一狭小领域的研究带来了思想方法和技术上的突破，就需要我们进一步学习人工智能和数据科学，才能切实体会。本书的一个目的就是介绍这些知识，特别是以法律人能够读懂的方式介绍这些知识。

本书大体由两个部分组成，第一部分讲机器学习，即人工智能方法的核心部分；第二部分讲因果关系推断，即数据科学在社会科学中应用的核心部分。为什么采用这样的结构？我们仍从以上的研究说起。

《人类决策和机器预测》由五名作者合作完成。其中三名是来自康奈尔大学和斯坦福大学的计算机科学家，两名是来自芝加哥大学和哈佛大学的经济学家。从作者构成来看，读者不免疑惑：为什么一项人工智能的研究，需要经济学家的参与？而以经济学为代表的社会科学，难道不仅是关于社会现象的学科，甚至在不少

---

① Jon Kleinberg, Himabindu Lakkaraju, Jure Leskovec, Jens Ludwig, and Sendhil Mullainathan, 2018, "Human Decisions and Machine Predictions", *The Quarterly Journal of Economics* 133(1):237–293.

人看来是比较"软"的学科吗？人工智能似乎更"硬"，包含着更多的科技成分？

实际上，上述研究的核心难点（第二类统计谬误及因果关系推断）是由经济学家而非计算机科学家解决的，这充分体现了当代社会科学和自然科学间高度的交叉融合。如今，包括经济学、政治学和心理学在内的不少学科都将自己的研究领域定义为对人类决策行为的探究；在方法上，他们大多以物理学为标杆，模仿物理学在过去几百年来的成功经验——使用数学模型进行理论建构，使用统计学方法对理论命题进行实证分析和检验。就此而言，法官如何决策（一个实证问题，或者说，实然问题），以及法官应当如何决策（一个应然问题），便被收编于一般社会科学的研究范围内。整个现代社会科学的发展布满了类似方法的扩张，社会科学研究者通常将这一扩张过程称为"经济学帝国主义"——目前我们用以研究社会现象的很多数据科学即定量工具便是经济学家开发的。但其实，这本质上是数学和统计学的扩张，是自然科学方法的"帝国主义"。因此，要完整地了解人工智能和数据科学在法律中的前沿应用，我们不仅要了解计算机科学，更要了解以研究社会生活和人类决策为目的的各种方法，包括以预测为目的的机器学习方法，以及以因果推断为目的的社会科学方法。

一个让人不安的事实是，无论是相比于自然科学，还是相比于社会科学其他领域，法律人已经落后了。机器作出比法官更准确的决策，这无疑是重要技术突破，但法律人却并没有参与到这一工作中——这也是为什么，在研讨会现场的法学家们都不免略显讶异。实际上，法律人鲜少在重要的法律科技领域作出突出贡献，甚至，真正懂得法律科技的法律人也为数寥寥。如果未来是一个由智能科技主导的时代,如果机器和人工智能真的可以逐步取代法官,那么,未来的法律人该如何自处呢？是埋头于自己熟悉的领域,用法条分析、"折中说"、比较法来应对未来时代的挑战吗？或是像中世纪的神学家那样皓首穷经、研究"一个针尖上能站几个天使",来应对刚刚兴起的科学的冲击吗？恐怕,是时候多了解外面的世界了。外面,不只是外国,更是指外面的学科、外面的视角和方法。

\*\*\*

回过头来,我们还要问,机器真的能够取代法官吗？近年来,法律人工智能、法律大数据、数据法学、计算法学等词汇作为学术营销概念在我国大为流行。一方面,这引起了人们对法律和数据相关学科的极大兴趣,相关学术生产大为繁盛,法律科技产业迅速发展。这一背景下,不少法律人显得兴奋,也不免过于乐观,认为人工智能的"弥赛亚"即将降临,法律行业的颠覆性发展就在眼前。另一方面,"萝卜快了不洗泥",学界和业界热衷追求时髦概念和词汇,但对基本技术原理的掌握并不扎实,对法律领域内已有的工作成果也缺乏基本了解。

从国内研究和产业现状来看,我们存在几个对相关学科的重大误解。其中之一是认为计算法学、数据法学、法律人工智能只是一些近年来兴起的学科,或者说,认为他们是全新学科,有着全新的方法和范式。因而,我们不需要太多积累、不必要细读过往文献,只要大干快上,就能开疆拓土、弯道超车,甚至开宗立派。之所以存在这种误解,很可能是由于不熟悉法律实证研究特别是定量研究的学术脉络。从根本上来说,这又是因为不熟悉统计学、数据科学和计算机科学间的关系,及这些学科在社会科学中的渗透和应用。

　　社会科学的定量研究自二十世纪七十年代日益发展起来。以使用的方法划分,这些研究大体分为三类。第一类是使用基本统计学方法,如相关性分析、逻辑回归、线性回归等,探索社会现象间相关性的研究。什么是相关性?即两个变量的共同变动趋势。比如,身高和体重存在正相关关系,量刑与犯罪严重程度存在正相关关系。法律领域的定量研究随着整个社会科学的定量化一起发展。在八十年代,研究者就将美国最高法院判决进行了数据化,发现法官决策与其政党背景有着很强的相关性——民主党法官在判决中更倾向于作出支持堕胎合法化、种族平权、限制持枪自由、加强经济管制的判决;共和党法官则恰好相反。[1]再比如,早期学者研究人们为什么守法,发现当事人对程序公正性的认同与对诉讼结果的认同高度相关,即认为程序公正的当事人,也更认同诉讼结果。[2]近十几年来,波斯纳晚年的主要研究精力都放在了对法官和司法系统的这类定量实证研究上。[3]

　　当然,再往前推三百年,伦敦的统计学家早在 1665 年就发现,伦敦各街区的黑死病发病数与猫的数量有强正相关关系。这一发现启发伦敦市政府下令扑杀了不少猫,却也使得瘟疫愈发肆虐——到头来发现,黑死病是由老鼠传播的。是的,相关性不等于因果关系,错误推断因果关系可能有着很严重的后果。这是几乎

① 参见[美]杰弗瑞·A.西格尔、[美]哈罗德·J.斯皮斯:《正义背后的意识形态——最高法院与态度模型》(修订版),刘哲玮译,北京大学出版社 2012 年版。
② See Tom R. Tyler, 2006, *Why People Obey the Law*, Princeton university press.
③ See Lee Epstein, William M. Landes, and Richard A. Posner, 2013, *The Behavior of Federal Judges: A Theoretical and Empirical Study of Rational Choice*, Harvard University Press.

所有统计学第一课就强调的问题。

这也是为什么,从二十世纪九十年代开始兴起的第二类定量社会科学将关注点集中在发现因果性上。这一轮定量社会科学的发展主要由经济学家主导,在经济学中,被称为实证研究的"可信度革命"。所谓可信度革命,即数据分析不仅仅满足于发现现象间的相关关系,更要能确定因果关系。革命的目的也很明确:"别杀害那些无辜的猫"——避免错误的法律和公共政策危害社会。

那么,什么样的数据分析方法,能够从相关性中推断因果性呢?答案出奇地简单:人类从实证(而非理论)角度确证事物的因果关系,有且只有一种思想方法,那就是实验。

今天,实验方法在自然科学中得到了广泛应用。但人类并不是天然就会做实验。科学史漫长,实验在近四五百年来才成为科学家自觉使用的方法。在培根(Francis Bacon)和小密尔(John Stuart Mill)的时代,才有了对这种方法的系统性总结和反思。社会科学中的发展则更为晚近,实验方法首先被应用在了社会心理学研究中。这类实验通常是在实验室中进行,有着人为设定因而也较为明确的处理组和控制组。显然,社会生活的很多方面不可能在实验室中得到重现,因而也难以在实验室中进行研究,比如,如何在实验室中研究人口增长、犯罪率控制、法律的实施效果呢?难以在现实场景中开展实验研究成了实证社会科学的一大发展障碍。就此,经济学在二十世纪九十年代开创了一系列新的思路,将类似实验方法的算法应用到对真实世界数据的分析中,进而实现了对真实社会的准实验研究。这些方法包括匹配、双重差分、断点回归、工具变量等。今天,这些方法成了定量社会科学研究的标配,经济学、政治学、社会学等领域的研究者都对它们耳熟能详了。

开发这些方法的经济学家有不少获得了诺贝尔经济学奖,2021 年的诺贝尔经济学奖得主安格里斯特(Joshua D. Angrist)和因本斯(Guido W. Imbens)就是典型代表。

从二十世纪九十年代起,准实验方法在法律研究中也得到了广泛应用。《魔鬼经济学》的读者常常惊异于史蒂芬·列维特(Steven D. Levitt)的发现:美国二十世纪七十年代堕胎合法化导致了九十年代(青少年)犯罪率的下降。[1]这一研究的核心思路就是准实验,采用了一种非标准的双重差分的分析方法。在另一些研究中,他利用工具变量法测算警察数量对犯罪率的弹性系数(多雇一名警察,减少几个点犯罪率?);利用监狱拥挤诉讼引发的在押囚犯释放,测算在押率与犯罪率的关系(随机释放一名在押犯,导致犯罪率怎样的变化?)。[2]不仅仅是犯罪学和刑法,实际上,经过近三十年的发展,这些准实验方法已经被逐渐应用到了几乎所有法律领域,包括宪法、合同法、财产法、公司法、诉讼法、国际法,等等。

二十一世纪以来,定量社会科学又有了新的发展。一方面,互联网飞速发展,数据抓取和自然语言处理等方法不断普及,为研究者提供了规模更大、模态更多样、颗粒度更细的数据,比如,文本数据、社交网络数据、图像音频视频数据、动态实时高频的金融经济数据,都得到了大规模采集和使用;另一方面,计算机存储能力和计算能力在十几年间呈指数增长("摩尔定律"),为较为复杂算法

---

[1]  John J. Donohue Ⅲ, and Steven D. Levitt, 2001, "The Impact of Legalized Abortion on Crime", *The Quarterly Journal of Economics* 116(2):379-420.

[2]  See Steven D. Levitt, 2004, "Understanding Why Crime Fell in the 1990s: Four Factors That Explain the Decline and Six That Do Not", *Journal of Economic Perspectives* 18 (1):163-190.

("人工智能")的落地应用提供了基础——各种各样的非线性算法,特别是神经网络等深度学习方法,得到广泛使用。由于以上两点,数据科学特别是人工智能学科取得重大进展。与此同时,应用这些大数据和人工智能方法的第三类定量社会科学研究,即近年来所说的计算社会科学,开始逐步兴起。

就本质而言,第三类定量社会科学的研究目标与前两类定量社会科学非常接近。比如,与第一类定量社会科学一样,它注重发现事物间的相关关系;与第二类定量社会科学一样,在能够发现因果关系时,它也力图回答"为什么"的问题,尽可能可信地推断因果关系。与前两者不同的是,第三类定量社会科学更重视"作预测"——它将预测的准确度作为核心目标。

随着整个定量社会科学的发展,在法律研究中利用大规模数据作出预测的研究也日益发展起来;机器学习的方法被探索性地应用在了很多部门法领域。在这一背景下,便有了前文介绍的"人类决策和机器预测"这一重要成果。

总结来看,三类法律定量实证研究分别侧重相关性、因果性,以及预测能力。我们可以给最后一类研究起不同的名字,如计算法学、数据法学、法律数据科学、法律人工智能,但其背后的发展脉络是清晰的。这一研究领域并不崭新,不是"天上掉下来的"。

以上三类研究的研究者也有着很大的重合。最早利用相关性做研究的学者,后来也多开始采用准实验的方法;随着机器学习等算法的发展,他们也开始尝试使用更大规模的数据和较新的算法。这种重合很好理解——一个自二十世纪九十年代以来就擅长数据分析的研究者,很自然会与时俱进,采用最新研究方法。这些方法间也有明显的亲族关系:相关性分析是因果推断和准实验方法的

基础;统计学家很早就发明的回归分析,至今仍然是机器学习
("人工智能")的重要方法之一。对于学习者而言,前两类研究也
是第三类研究的基础,需要循序加以掌握。这也意味着,不仅要学
习热门时尚的"人工智能",更要熟悉以往所有定量实证研究的主
要方法和成果。

还需要澄清,不论方法和算法如何发展,因果性仍然是社会科
学皇冠上的明珠,是最为重要的知识。这也很好理解——科学研
究的目的,本来就是要理解事物间的因果关系,回答"为什么"的
问题,进而增进人类知识——仅仅探索相关性,或是作出准确预
测,并不足够。说到底,人类的好奇心才是科学发展的原动力。在
这一问题上,使用复杂算法的计算社会科学有其较为致命的弱点:
复杂算法的应用,特别是神经网络等深度学习方法的应用,在提升
预测能力的同时,降低了算法的可解释性,即降低了我们对自变量
与结果变量之间关系的把握和理解;很多时候,我们只知道预测准
确性提升了,却不知道什么因素导致了准确的预测,从而变得更为
一头雾水。这显然偏离了科学探索的本质。

＊＊＊

除了容易过高估计计算法学的"新颖性",我们还容易过高估
计人工智能对法律的可能影响,甚至对法律人工智能有着幻想化、
科幻化的期待。这大概是因为不肯下苦功夫去了解人工智能的基
本知识和原理,太容易被新词汇、新概念而非新思想、新方法所
引诱。

法律人工智能研究在近年来有了一定的突破,但其应用场景
仍然是特定的,因而也是局限的。比如,使用机器学习,我们可以
预测保释决策、预测刑期、预测美国最高法院判决;使用大语言模

型（如 ChatGPT），可以自动生成法律文书，可以进行交互法律问答。但是，这些已有的应用，大多建立在人类已经将大量非结构化数据（视频、语音、文本）结构化的基础上。同时，针对每一个应用场景，都需要研究者找准问题，收集大量数据，反复调校模型，也就是，都需要大量人工的介入；甚至，"人工"的成分远远大于"智能"成分。人工智能中凝结的更多是数据科学家辛勤的汗水；指望机器一劳永逸地解放法律人，还为时过早。而法律领域的通用人工智能，科学幻想的成分远高于科学成分。

近年来，法律界开始谈论莱布尼茨（Gottfried Wilhelm Leibniz）的理想和"法律奇点"论。莱布尼茨试图将法律简化为一组可以在计算机上自动执行的算法，在告知案情后，便可给出法律结论。这当然是试图将人类智能从法律推理过程中去除，从而彻底消除人类在执法过程中的自由裁量以及由此引发的滥权。这种"自动法律机器"，似乎是法律人工智能追求的终极理想。

只是，在人类已有的技术框架下，莱布尼茨的理想在未来数十年内恐怕并无可能实现。根本原因在于，让机器像人类那样感知证据、理解案件事实，是不可能完成的任务。是的，问题不在于老生常谈的"机器不能作价值判断"，或者"法律是不断变动的"——这些问题解决起来当然难度很大，但并非不可想象。难以解决的是通用人工智能领域的基础问题：如何让机器像人一样理解复杂的"故事"。讲故事——叙事、理解叙事——是人类的核心能力，也是法律工作的核心任务。说到底，法律程序就是在重新构建一个过去发生的事件，也就是"故事"。故事的基础是事实，事实的基础是证据。然而，所有的一切——证据的真实性、事实的可靠性，都需要人们根据自身的社会经验进行判断，形成"心证"。很大程度上,判断一个故事的真假,才是法律决策的真正难点。

当吴谢宇诉说犯罪动机,讲述他的母亲性格如何完美时,机器是否有能力判断这一陈述的真伪?(人类呢?)当劳荣枝强调,她在所有案件中都是被胁迫的帮助犯,机器有没有能力根据证据链上的所有证据,判断她在犯罪中的作用?甚至,不需要复杂案件,难题在日常纠纷中同样存在。借贷纠纷中,双方只有口头协议,机器如何判断借贷是否真实存在?离婚案件中,机器如何判断双方感情确已破裂?合同违约时,机器如何计算被违约方的可得利益,如何判断违约方的可预见性?侵权纠纷中,机器如何得知"社会一般人"在某一场景下的注意能力,进而判断注意义务和过错?

亚里士多德说,文学比历史更严肃。对文学美感的体悟,涉及对故事真伪的判断和理解;洞悉人性,穿越话语和矫饰,明辨发生于过往的事实,恰恰也是法律的难点,也是人工智能的难点。在这个意义上,法律实践背后有着人工智能难以突破的人类智慧。

***

对于法律人工智能(法律数据科学、数据法学、计算法学……),我们能期待什么?我们既不能闭目塞听,不了解这一领域令人兴奋的前沿进展;也不能听风就是雨,过于乐观,盲目相信它的未来。带领读者了解这个领域,维持大家心态的谨慎乐观,是本书的目的之一。

自 2020 年至 2023 年,我先后在香港大学和芝加哥大学讲授"人工智能、数据科学与法律"(Artificial Intelligence, Data Science, and Law)课程。课程一般持续十周左右,对象是两校法学院学生,以职业教育的研究生为主(LLM 和 JD),也有一些业界人士旁听。无论是在中国还是美国,我都能感受到大家对法律人工智能迸发出的很大的热情和兴趣。一方面，这当然与这些年来席卷所有领域的人工智能热潮有关，但另一方面，听众感兴趣，也是因为我所讲授的知识与大多法学院课程不同，让他们感到别有趣味。目前，我们有较多关于法律应当如何监管和规制数据和人工智能的研究和著作，但不论中英文世界，市面上都还没有关于人工智能如何应用于法律研究和实践的介绍性书籍。在业界和学界众多同仁的鼓励和督促下，我和卢圣华博士写下这本著作。

刘庄

2023 年 11 月 23 日于香港大学郑裕彤楼

# 第一章 导 论

　　本书希望向读者介绍人工智能的基本原理,及其在法律中的应用。说起这些问题,也必须介绍到数据科学,因为人工智能的基础是对数据的处理和理解——计算机除了数据,不能直接处理其他信息。

　　人工智能业界,流传这样一段俏皮话:

　　　　当你融资时,说人工智能;

　　　　招员工时,说机器学习;

　　　　做项目时,用线性回归。

　　虽是趣谈,却道出了实质。人工智能的概念时髦、范围模糊,在企业融资时作为营销概念,最为吸引半懂不懂的投资人。可落实到技术开发,要招聘懂行的数据科学家和工程师时,就必须更实在一点,要求对方懂得机器学习的各种模型和算法。机器学习是人工智能的核心领域,只是名字听起来没那么"高档"。而到了开展具体项目时,往往还是先跑跑线性回归,看看数据间的关系如何,更为直截了当。线性回归的算法早在一百多年前就被开发出来了;以前被称为"统计学",显得没那么"洋气"。实际上,统计学和人工智能有着很大的重合。

　　在实践中,法律人工智能使用了各类方法。比如,美国法院常用的保释逃逸预测(PTRA)和再犯预测系统(COMPAS)，核心算法是线性回归；预测法官判决，多用决策树和随机森林；开发智能法律问答和文书写作，要么用专家系统，要么用基于神经网络的大语言模型。本书将对常见算法在法律中的应用加以说明。但首先，让我们用一个例子来直观了解人工智能想要解决的问题。

## 一、一个例子：基于已有案件信息预测新案件审理时长

某法院汇集整理了过去一年办理的所有民事案件的基本情况，案件共一千件左右(图1.1"已有案件"部分)。现在，已知这些案件的承办法官、法官工作年限，案件案由、涉案金额，当事人是否由律师代理，从受理到判决的审理时长，以及很多其他信息(用……表示)。这时，几名当事人来询问：他们的案件已经被受理，大概多久能得到判决(案件信息如图1.1"新案件"部分所示)。那么，是否能给出一个对审理时长较为科学的估计？

| | 案件编号 | 承办法官 | 工作年限 | 案由 | 涉案金额 | 当事人由律师代理 | …… | 审理时长(日) |
|---|---|---|---|---|---|---|---|---|
| **已有案件** | 1 | 甲 | 10 | 民间借贷 | 10万 | 无 | …… | 30 |
| | 2 | 乙 | 15 | 民间借贷 | 30万 | 一方 | …… | 20 |
| | 3 | 丙 | 20 | 买卖合同 | 400万 | 双方 | …… | 85 |
| | 4 | 丁 | 25 | 买卖合同 | 3万 | 一方 | …… | 60 |
| | 5 | 戊 | 5 | 股权转让 | 3000万 | 双方 | …… | 300 |
| | 6 | 己 | 3 | 金融借贷 | 100万 | 一方 | …… | 45 |
| | 7 | 甲 | 10 | 买卖合同 | 200万 | 一方 | …… | 350 |
| | 8 | 乙 | 15 | 股权转让 | 15万 | 无 | …… | 100 |
| | …… | …… | …… | …… | …… | …… | …… | …… |

根据已有案件信息，预测新案件的审理时长

| | 案件编号 | 承办法官 | 工作年限 | 案由 | 涉案金额 | 当事人由律师代理 | …… | 审理时长(日) |
|---|---|---|---|---|---|---|---|---|
| **新案件** | 1001 | 甲 | 10 | 股权转让 | 300万 | 无 | …… | ? |
| | 1002 | 庚 | 3 | 民间借贷 | 15万 | 一方 | …… | ? |
| | 1003 | 辛 | 30 | 买卖合同 | 40万 | 双方 | …… | ? |

**图1.1 根据已有案件信息预测新案件的审理时长**

　　运用人类的智能,我们能从数据中得出一些信息,并尝试解答当事人的问题。比如,我们可以尽可能地寻找与新案件类似的以往案件(类案),并用类案的审理时长来推测处理新案件需要的时长。不过,这些案件在案由、金额上与以往案件有相似,但又有很多不同;同时,新的一年里,法院也来了两名新的法官。这些因素都让我们没办法通过直接找到一两个简单的类案,对当事人加以说明。

　　另外,我们还可以尽可能地寻找数据中的规律。比如,可以发现,工作年限长(经验多)的法官,一般审理时长更短;涉案金额大的案件,审理时长更长。这些规律可以帮助我们更好地解答当事人关于审理时长的问题。但是,如何量化这些规律,使得回复更精确呢? 特别是,如何汇总所找到的所有规律? 法官经验、案由、涉案金额等,到底哪一项更重要,每一项的重要性占比如何? 显然,只使用简单观察和寻找规律的"人类智能"方法,很难解答这些问题。

　　至此,人工智能已经在隐隐向人们招手了——以上例子呈现的就是一个可以用人工智能和数据科学解决的问题。这个例子甚至也体现了人工智能的核心任务——事实上,人工智能并不玄妙,如果只考虑它的核心领域(机器学习),那么,它大体只是一种从已有的数据中找规律,再将规律应用于新的情况,对新情况加以预测的方法。人工智能从数据中找规律的方法,我们称为"算法"。人工智能找到的规律,可以称为"模型"。而这些模型,很多时候体现为对各要素重要性的赋值,被称为"参数""系数"或者"权重"。当然,人工智能自以为找到的"规律",有的好用(预测准确),有的不好用(预测不准);有的容易被人类理解(有较好的"可解释性"），有的则很难被理解（"可解释性"不佳）。

回头来看，要了解法律人工智能，显然需要了解什么是数据、目前大体有哪些算法、如何解释这些算法得出的结果，以及它们在法律中有哪些应用。这些也构成了本书的大体内容。

## 二、数据的基本知识

数据是对经验世界的一种表达，是人工智能和数据科学的基础。人工智能和数据科学，本质上是经验科学，需要从经验中找规律，从经验出发作预测。下面先介绍数据的一些基本知识。

### 1. 现实生活中的数据

数据无处不在。互联网上的文本、声音、视频，是数据；工厂的生产流程、工作量、产品缺陷率，是数据；企业的经营记录、会计账簿、股权信息，可以体现为数据。法律场景中，合同文本、证据材料、判决书、当事人信息、庭审音频视频、庭审笔录，都可以以数据的形式记录和呈现。更具体的，一家企业的合同，合同编号、合同类别（买卖、运输、投资）、合同涉及金额、合同当事人、合同文本等信息，是数据。在刑事案件中，犯罪嫌疑人的姓名、性别、民族、籍贯、受教育程度等个人信息是数据，犯罪的罪名、地点、手段、情节，以及作出判决的法院地点、层级、判决结果等也是数据。数据并非只能表现为"数字+量词"的形式，比如，"100元""5人""合同金额100万元""有期徒刑10年"，也可以是对一个观测客体的分类、归纳和对具体性质的总结，比如"买卖合同""职务犯罪""累犯"等。几乎一切关于被观测对象的信息，都可以被存储和表现为"数据"。

而有一些数据,不能直接通过观测获取,例如"公司盈利增长超过预期""大部分合同为买卖合同""累犯占所有犯罪的30%"。这些数据需要基于可直接观测到的数据——公司两年的盈利额、买卖合同和所有合同的数量、累犯和所有犯罪的数目——再次加工计算得出。在可直接观察到的数据的基础上,通过数据分析获取的知识,则被称为"信息"。数据和信息的联系十分紧密。一般而言,信息一定是数据,因为信息是通过对数据的分析和加工得出的;但数据不一定是信息,因为数据中有时包含着大量冗杂数据,无法归纳到信息行列。数据和信息的相互转化是十分常见的,数据分析的应有之义,就是从大量的数据中提取出有效的信息,辅助决策和行动;同时,信息又可以重新存储为新的数据,以供进一步分析之用。

2. 数据的表现形式

数据可以分为**结构数据**与**非结构数据**,也称为结构化数据和非结构化数据。

结构数据一般可以用二维表表示。图 1.2 以表格形式记录了刑事案件中犯罪嫌疑人涉及的案件情况,是典型的结构数据。在这个表格中,"犯罪嫌疑人涉及的案件情况"一般被称为"实体",代表数据收集的对象;表格中的每一列数据是"属性"或称"特征",是实体的标签,即实体被记录下的性质;每一行是"实例",或称"观察值",是实体的一个样本。其中案件号列作为可以唯一识别每个样本的"属性",被称作"码"。一旦"码"即案件号确定了,一个案件中的公诉人、被告、犯罪类型、涉案金额、审判程序,即除"码"以外的"属性",也可以相应地确定下来。类似地,若把本书的所有读者看成实体,身份证号就是身份识别的码,每个读者的性别、年龄、受教育程度、家庭住址等就是属性,正在阅读本书的你,便是本书读者的一个实例。

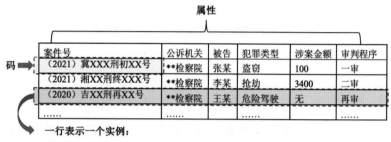

图 1.2 结构数据:以刑事案件为例

值得注意的是,每个属性的性质也有区别。比如,两人之间曾签订"3"份合同,合同金额共"10,000"元,这些数量词有具体的现实意义,属于**数值型变量**。但是,合同金额可以为"10,000.5"元,合同数量却不可能是"3.5"份。因此,如时间、长度、金额这类可以取任意实数值的变量被称为**连续的数值型变量**,而人数、企业数、合同数这类只能取有限个数值的变量则被称为**离散的数值型变量**。此外,在图 1.2 中审判程序属性有一审、二审、再审等取值,在实际操作中,为了使计算机更容易理解和处理,通常会先将文本转化为数字,例如用 0、1、2 等整数分别指代一审、二审、再审。在这种情况下,这些数量词本身并不具有意义,整数的选择也不受限于特定的数字(比如,也可以用 3、4、5 分别表示一审、二审和再审)。这类用于表征不同类别的数字,被称为**类别型变量**。同样地,犯罪类型包括"盗窃""抢劫""危险驾驶"等,也是类别型变量。归纳来说,在结构数据中,属性一般可以分为数值型变量和类别型变量,其中数值型变量又包括连续的数值型变量和离散的数值型变量。

　　非结构数据则与结构数据不同,它的格式更为灵活自由,通常无法用类似图1.2的二维表进行表示。一般来说,文本、语音、图像、视频,都是非结构数据。此前提到,数据并不只是数字,只要能够总结归纳的对象性质,都可以成为数据。这些超越我们狭义认知的数据类型,多数属于非结构数据。例如,图1.3中的人像就是典型的非结构数据。一般而言,非结构数据需要经过处理,转化为结构数据,才能被计算机识别和分析。

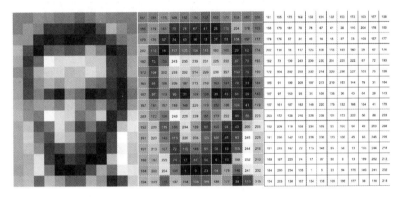

**图1.3　人像识别数据**

　　我们可以用像素点的位置和灰度信息来表达图1.3中的图像,将其转化成为结构数据。比如,左上角第一个像素点的位置,可以表达为(1,1),其灰度是161;第二个像素点位置,可以表达为(1,2),其灰度是155。以此类推,图1.3可以表达为如表1.1的结构数据。如果再加一个时间维度(列),图像数据就转化为了视频数据。即视频数据可以被表达为"像素位置+灰度(或色彩)+时间"的形式。

表1.1　将图像表达为结构数据

| 像素点编号 | 行 | 列 | 灰度 |
|---|---|---|---|
| 1 | 1 | 1 | 161 |
| 2 | 1 | 2 | 155 |
| 3 | 1 | 3 | 175 |
| …… | | | |
| 13 | 2 | 1 | 156 |
| 14 | 2 | 2 | 179 |
| …… | | | |

### 3. 大数据

我们经常听说"当今是大数据时代"。但是大数据比普通数据"大"在哪儿，却很难说清。单从字面上看，它表示数据规模之庞大，但仅仅从规模的角度定义"大"数据，稍显不够准确。目前普遍认为"大数据"，需要具备"4V"的特征，即大规模性（Volume）、高速性（Velocity）、多样性（Variety）与高价值性（Value）。"4V"这一说法流传甚广，但对增进理解意义不大，这里不作过多解释。比较重要的可能是其中提到的数据多样性：现在，我们获取数据的来源日益广泛，上天入地、无所不包。数据类型，也从以结构化数据为主，到以文本、语音、图片、视频等半结构化和非结构化数据为主。数据来源、数据类型的多样化，使得数据分析有着巨大的潜力。

本书的读者一般会关心法律数据的类型和体量。从目前掌握的情况看，在我国可以收集到的法律数据至少包括：（1）政府部门和司法机关产生的法律文本和法律流程数据，包括法律法规等规范性文件数据、行政执法(复议)数据、裁判文书数据、庭审直播数据、审判流程数据、失信被执行人数据、律师律所登记数据、犯罪与公共安全数据。(2)企业和律师事务所等市场主体产生的数据，包括各类合同、企业章程、招股书、法律意见书、备忘录、内部问答、邮件往来。(3)网络和社交媒体上涉及法律的数据，如微博上人们对各类案件的评论、知乎上关于法律问题的问答、各法院公众号发布的新闻信息、全国人大在网上征集的公众意见。(4)社会调查中与法律相关的数据，如中国家庭追踪调查(CFPS)中，公众对司法的信任程度、公众对刑罚的态度等数据。(5)各类出版物中涉及法律的文本(数据)，如《人民日报》对法律事件的报道、《人民法院报》几乎所有内容、各类法律书籍、法律学术杂志。

以裁判文书为例，自 2013 年以来，全国各级法院全面推行裁判文书上网公开。此后的十年间，中国裁判文书网累计公开的文书数量已达 1.4 亿多篇，我国成为世界上公开裁判文书数量最多的国家。基于裁判文书数据，法律研究者可以对法律的各个领域开展量化分析。文书的公开，促进了法律文本数据的积累，极大地推动了法律大数据和法律人工智能行业的发展。

数据很多，但怎么使用，是一大问题。实际上，大数据时代对人们管理和利用数据的能力提出了很高的要求。在人类漫长的历史中，法律决策——无论是立法还是司法——大体基于人的社会经验与主观判断，类似于康德所说的"实践理性"。而在数据时代，人们可以并且需要建立起数据驱动型的决策方式——决策应该基于数据分析，而不能只是依靠简单直觉，甚至是"拍脑袋"决定。法律和公共政策的制定关系重大，当然需要采取科学的方法，需要多收集和分析数据作为参考和依据。很可惜，与很多社会科学较为发达的国家相比,我国在这方面还存在较大的差距。

4. 数据科学

收集和分析数据以提取有价值的信息,甚至为决策提供参考和依据,是数据科学的重要目标。数据科学的主要任务,一是**解释**,即基于现有的数据建立模型,寻找不同属性(因素)之间的关系;二是**预测**,即把建立好的模型应用于新情况中,从而对结果进行预测——这也是接下来要介绍的人工智能的主要领域。需要注意,人工智能关注的核心是预测的准确性,而不一定总是重视模型的可解释性。但是,作为法律的研究者和实践者,往往需要对法律决策——包括立法、司法、执法中各种决策——的原因进行理解和说明,这又决定了研究法律人工智能的同时,必须关注模型的可解释性。举例而言,在人脸识别中,人工智能算法只需要关注模型是否能够准确识别(即预测)出不同人的头像,而通常不需要关注模型的哪些参数识别了人脸的哪一部分。但要设计一个预测犯罪嫌疑人再犯可能性的模型,我们总是想知道哪些因素会影响再犯概率,以及使用这些因素进行判断是否有伦理和法理上的问题。比如,在美国,是否应该使用人的族裔信息来预测犯罪属于争议巨大的问题。

模型的预测效果和可解释性往往需要进行权衡。本书第二章和第三章将讨论决策树模型和回归模型,这两类模型可以清晰地展示自变量对于结果变量影响的强度和方向,但却存在着在复杂数据环境中预测能力不佳的缺点;而第六章中介绍的神经网络模型,在预测效果上有着非凡的表现,但整个预测过程近似"黑箱",很难解释每个自变量对结果变量的影响。在实践中,我们必须根据任务需求仔细权衡,选择合适的模型进行解释或预测的工作。

扩展阅读:数据科学和数据挖掘

　　数据科学和数据挖掘两个概念的外延非常相似,两个词汇经常同时出现。一般来说,数据科学研究的是一系列基本准则,用来指导如何从数据中挖掘信息,而数据挖掘则是具体的实践过程。在描述从数据中提取有价值信息的过程时,两者常常可以互相替代使用。

# 三、人工智能

　　数据是人工智能的基础。有了对数据的基本了解,我们可以进而讨论人工智能。

　　1. 什么是人工智能

　　提起人工智能,我们可能会想到屡次战胜围棋世界冠军的"阿尔法狗",想到手机上等待着被唤醒的"Siri",想到在 2023 年年初火遍全球的 ChatGPT。这些机器和应用程序展现出了类似于人类智慧的能力,都能被称作人工智能。只不过,我们很难给出人工智能的精准定义。即便给出定义,大体也只是一种描述性的"大杂烩",将目前被视为人工智能的研究范畴集合在一起。比如,一个学究气十足的冗长定义是:人工智能是利用数字计算机或者由数字计算机控制的机器,通过模拟、延伸和扩展人类的智能,感知环境、获取知识并使用知识进行决策的理论、方法、技术和应用系统。归根结底,人工智能就是用计算机或者计算机控制的机器来模仿人类完成理解、思考、推理、解决问题等高级行为。

　　相比定义,我们更需要知道什么不是人工智能。人工智能指的不是机器人。虽然很多机器人会用到人工智能技术，但如果机器人只是在实现预设的程序，而不涉及对外在环境的学习、不涉及利用数据进行决策，便不能称为人工智能。一些自动化仪器，例如工厂的自动化流水线，通常并不能被称为人工智能。相反，搭载了图像识别和距离识别功能的自动驾驶汽车，则属于人工智能的应用——它在不停根据外在因素进行学习和决策。一件设备或者一个应用程序是否具有人工智能能力，取决于它是否用到了类似人类的智能。注意，这句话近似循环论证——什么是人类智能呢？也很难定义。翻译人员翻译某种语言时，他们大脑中心的神经系统将被激发，进而理解和探索文本中的语义语法与文化表达，这是一种智能。下棋时，弈者使用逻辑推理，从各种可能的路线中选取他们认为最优的路径，这也是一种智能。而无论是一般的机器人还是工厂中的自动化机器，所从事的多是流水线化、重复性高的工作，并不能体现出类似于人的认知能力、思考能力和行为能力，因此不能被囊括在人工智能的范畴。

　　根据不同的发展阶段，人工智能可以被分为强人工智能和弱人工智能。强人工智能指的是机器能像人类一样思考，有着感知和自我意识，且能够自发学习知识、作出决策、处理问题。显然，在今天，强人工智能不仅在技术实现上面临着巨大挑战，在伦理上也存在很多争议。与此相对的是弱人工智能。弱人工智能虽然无法自发感知并自发学习，但它能够胜任一定的推理和决策工作，并解决一些具体的问题。计算机通过算法实现对输入数据的学习和建模，并进行预测，便是最常见的弱人工智能。今天我们熟知的机器翻译、人脸识别、图像生成、大语言模型、自动驾驶等，都属于弱人工智能。

**扩展阅读：机器的"思维"与智能**

二十世纪五十年代初，科学家开始认真探讨人工大脑的制造问题。当时的神经科学研究表明，大脑的神经元通过脉冲的方式工作，与电子信号有着相似之处。其他相关领域的研究，如控制论所讨论的电子网络的控制和稳定性、信息论所讨论的数字信号，都使人们逐渐相信构建人工大脑是可能的。当然，现在看来，这些想法都过于理想化——我们今天所使用的人工智能，很大程度只是指各类机器学习算法，这与当时模拟人脑思维过程的构想相去甚远。至于机器是否真的能像人一样有自主意识、自主"思考"，一直都是难以回答的问题。

1950 年，图灵发表了伟大的论文《计算机器与智能》。图灵有意绕开了机器能否像人一样思考的问题。他说，要回答这一问题，必须先对什么是"机器"及什么是"思考"作定义；但研究定义并没有多大意思，也没有多大意义。他提出了另一个思路：要判断机器是否有"智能"，只需要让它跟人对话；如果它能骗过对话者，让对话者觉得对面的也是人类，那么就可以认为机器具有了智能。这就是后来人们说的"图灵测试"。图灵测试提供了一个非常清晰的标准：要实现人工智能，就是要使机器能像人类一样进行语言交流和思维推理。这个思考路径与以往的发问方式大异其趣。

图灵所做的是认识论层面的探讨，他把"智能是什么"的问题，转化为"我们凭什么识别智能"的问题。这与康德对哲学带来的哥白尼式的革命（从本体论到认识论）倒颇为神似——康德把"世界是什么"的问题，转化为"我们凭什么能力认识世界"的问题。我们很难说图灵在科学层面具体指导了后续人工智能的发展，但是，今天的机器学习和专家系统都在隐隐呼应图灵对机器智能的理解。当了解了人工智能的原理和运作方式后，我们会知道机器的"思维"跟人类思维有着本质的不同，但我们很难否认机器是"智能"的。

2. 人工智能的主要方向

为了学习人工智能，我们需要了解它涵盖的大概领域和技术路径。人工智能综合了多个学科的知识，包括统计学、电子工程、自动化甚至经济学、哲学、语言学等。从具体的技术看，人工智能包括推荐系统、机器人感知、进化算法、专家系统、机器学习等多个研究方向，不同的方向又互有交叉。虽然难以清晰确定边界，但我们一般可以将这些研究方向分为两大类，即**机器学习**和**专家系统**。这两大类人工智能，对应了两类基本人类智能——归纳和演绎，即从经验中总结规律及从大前提推导结论的两类能力。

（1）机器学习。机器学习是人工智能的核心。本质上，机器学习就是从数据中找规律，再利用规律作预测。电子邮箱对"垃圾邮件"分类筛选、图像识别软件识别人脸、大语言模型回答问题、量刑辅助系统预测嫌疑人再犯风险、智能判案系统模拟法官判决，都属于机器学习。在垃圾邮件识别中，我们一般需要人工识别和标注大量"垃圾邮件"和"非垃圾邮件"；在此基础上，算法通过对大量数据的分析，发现带有某些特定特征的邮件多为垃圾邮件。在遇到新邮件时，算法便可以自动将带有这些特征的邮件归类为垃圾邮件。在再犯风险预测中，通过探索过往数据，算法可能会发现"无其他家庭成员"的犯罪嫌疑人的再犯可能性高于其他群体。如此一来，在面对新案件时，算法便会调高对这部分群体的再犯概率预测。而随着更多的数据进入机器的分析学习之中，算法可以挖掘出更多的规律，例如性别、年龄、收入等因素对再犯罪率的影响。通过对数据集和算法的优化不断提升预测的准确性，这便是机器学习中"学习"的含义。

通过以上描述,我们可以发现机器学习的几个特点。第一,机器学习是计算机主动学习数据中的规律,而不是由研究者人为地提前输入规律。例如,在再犯风险预测的例子中,是算法通过对大量数据的探索,发现"无其他家庭成员"这一因素可以帮助预测嫌疑人的再犯罪率,而非人工输入"无其他家庭成员"这个标准,直接让计算机基于此标准进行判断。第二,机器学习需要有学习的对象,这一对象可能是人,也可能是其他客观经验。比如,在垃圾邮件识别的例子中,首先需要人工将大量邮件标记为"垃圾邮件"和"非垃圾邮件",机器才能结合邮件特征和人工标记,学习哪些特征跟垃圾邮件有着更紧密的联系。在预测再犯风险的例子中,机器需要知道以往刑满释放人员的再犯情况,才能找到个体特征和再犯行为的关系。第三,足够的数据量是算法能够迭代优化的必要条件。随着数据量的增加,数据中呈现的规律也逐渐明晰,算法才可能完成更加准确的识别工作,不断从数据中"学习"。这也是为什么直到进入了"大数据"时代,人工智能的研究和应用才有了爆发式的发展。

近年来,机器学习中发展最为迅速、应用最为广泛的,是深度学习方法。深度学习,一般就是指神经网络模型,尤其是多层神经网络模型。神经网络的层数深、参数多,便是深度学习中"深度"一词的由来。深层神经网络能够学习复杂的特征,识别出复杂的规律。比如,基础的机器学习模型可能只能识别人脸的边缘和色彩,而深度学习则能够识别眼睛、鼻子、嘴巴等更复杂的特征。因此,深度学习在文字处理、语音和图像识别、游戏和仿真等任务上表现出色。

需要注意,机器学习中所寻找的"规律",有的容易被人类所理解,比如某些特定字段和垃圾邮件所呈现的相关性;有些规律却并不容易理解,甚至无法言说,比如人脸识别中,某个像素点的特征与识别结果的关系。这就牵涉到了算法的可解释性问题,我们将在本书的多个章节谈及这一问题。本书第二章至第七章将对机器学习的一些基本算法进行介绍。

(2)专家系统。专家系统是人工智能的另一个主要分支,它是模拟人类推理的计算机程序。专家系统希望处理现实世界中需要人类专家作出推理的复杂问题,并得出与专家相同的结论。在专家系统中,研究人员会与特定领域专家进行合作,将专业领域的知识以计算机可以理解的形式进行表达。例如,一些医疗咨询网站将医生的经验(表现为"症状—处方"的一一对应关系)写入程序之中,当患者陈述某些症状时,程序便自动关联出医生的处方,给出诊断。实际上,我们熟悉的各种法律规则,都可以被视为专家系统,区别仅是法律并不通过计算机程序自动执行。考虑一个最简单的法律专家系统:自动化刑事判决。我们可以以约法三章("杀人者死、伤人及盗抵罪")为依据,建立一个量刑系统。那么,当张三杀了人,我们将这一案件事实输入系统,系统将自动给出判决结果——"死刑"。

可以看出,专家系统使用的是演绎推理,即"建立大前提,输入小前提,得出结论"。在医疗咨询的例子中,即"建立症状与处方的关系,输入症状,给出处方";在法律领域中,即"建立规则,输入案件事实,得出判决"。专家系统中的大前提,即规律或规则,一般是由人工总结并输入计算机的。例如,依据法官的经验,"无其他家庭成员"的嫌疑人的再犯罪率比其他群体要高,那么,"无其他家庭成员"便会被作为判断标准写入程序中。每当遇到两个情况基本相同、只有家庭成员人数不同的嫌疑人时,程序便会赋予"无其他家庭成员"的犯罪嫌疑人更高的再犯风险指数。

显然,专家系统与机器学习有着本质的不同。如前所述,机器学习是一种归纳推理过程,即通过观察经验(即数据),总结规律,再依据规律进行预测。例如,机器学习模型并不事先知道哪些因素影响犯罪嫌疑人的再犯罪率。相反,算法需要对数据进行分析,找出具体的影响因素后,再将其纳入未来的预测中。从另一个角度看,专家系统依赖的是现有规律,能够为结果提供合理而完备的解释;而机器学习则有可能挖掘出未被广泛接受却又实际出现在数据中的规律。

专家系统在实践中有着广泛的应用,大部分自动客服和问答系统都是基于专家系统建立的。建立专家系统的核心是总结某个领域的具体经验并将其程序化。比如,要为电商企业建立自动客服系统,就要总结以往客服对话中用户的常见问题,以及客服的常见回答。很多时候,领域内的知识还需要以更复杂和逻辑化的形式储存和记录,这便涉及关于知识图谱的技术,是人工智能的另一个子领域。就算法而言,专家系统在理论上没有特别复杂之处。本书不对其进行深入介绍。

3. 人工智能与数据科学

至此,我们已经介绍了数据科学、人工智能、机器学习等多个概念。这些概念紧密相关,但又各有侧重。图 1.4 展示了一些重要概念间的关系。

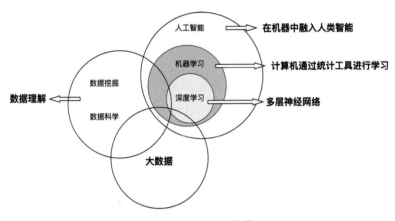

**图1.4 各领域关联**

大数据是数据科学和人工智能的基础。大规模数据为建模,特别是模型优化提供了基本生产资料。一般来说,数据规模越大、多样性越强,我们越能够从其中发现规律、作出预测。在掌握了数据的基础上,数据科学着重研究如何从数据中提取有价值的信息。它结合了数学、统计学、计算机科学等多学科的知识,旨在解决数据挖掘、数据分析和数据可视化等问题。实际上,数据科学为人工智能提供了基础理论和方法,可以说是人工智能的核心领域。

当然,人工智能并不仅仅局限于数据科学。人工智能的主要目标是使计算机模拟、扩展和辅助人类智能,执行通常需要人类智慧才能完成的任务,包括图像识别、语音识别、推荐系统、自然语言处理等。这些任务的完成不仅需要数据科学的支撑,还依赖于计算机视觉、计算机工程等诸多学科。比如,人工智能首先需要对世界进行感知,即需要采集数据。对数据采集设备(如摄像、录音、红外感知等设备)的研发和优化,很大程度便不属于数据科学的范畴。又比如,纯粹的专家系统,使用的仅是计算机自动化的程序,并不基于数据进行决策,也不属于数据科学的领域。

　　同样,数据科学面向的也不仅仅是人工智能:它关注的并不仅是预测,也包括对因果关系的发现和判断。本书的后半部分便主要讨论数据科学如何解决社会科学(包括法律研究)中的因果推断问题,这已经超越了人工智能的范畴。

## 四、几组基础概念

　　我们介绍几组贯穿本书的概念,这些概念是理解数据科学和人工智能中各类模型和方法的基础。

　　1. 自变量与因变量

　　自变量是能独立变化而影响或引起其他变量变化的因素。自变量通常用于预测或解释因变量。因变量是指受到自变量影响而发生变化的变量,是我们关心的分析或预测目标。例如,在图1.1预测案件审理时长的例子中,承办法官、法官经验、案件案由、涉案金额,这些因素属于自变量,案件审理时长属于因变量。再比如,在房价预测问题中,房屋面积、朝向、楼层、地段是常见的自变量,而房价则是因变量。在数学公式中,自变量通常出现于方程右侧,习惯上用字母 $x$ 来表示,因变量则出现于方程左侧,通常用字母 $y$ 来表示。不同的学科中,自变量和因变量有着不同的名称,在计量经济学中,自变量也被称为独立变量、解释变量,因变量也被称为结果变量、被解释变量。在机器学习中,自变量也称特征(变量)、属性、输入(变量),因变量也称标签、输出(变量)。不同的称谓体现了各学科思想方法和侧重点的不同,我们将在本书的不同章节加以介绍。

2. 监督学习、无监督学习和强化学习

大体上,机器学习可以分为监督学习、无监督学习和强化学习。在监督学习中,计算机通过学习输入数据(即"特征"或"自变量")和输出数据(即"标签"或"因变量")之间的关系来预测新的输入数据的输出。图 1.1 中预测案件审理时长是一个典型的例子。模型通过计算已有案件中输入数据和输出数据(自变量和因变量)之间的关系,找到一些规律(比如,法官经验每多一年,审理时长减少 10 天;涉案金额每增加 1 万元,审理时长增加 1 天),再将这些规律应用到新案件的输入数据中,得出预测。

又如,在图像识别问题中,监督学习的输入数据是一系列图像(比如,表 1.1 表达的图像数据),输出数据则是这些图像的标签(即类别)(比如,图像是属于"动物""人物"还是"机器";动物中,是属于"猫""狗"还是"兔子")。一般而言,这些标签是人工打上的。通过学习许多已知的图像和它们的标签,计算机可以预测新图像的标签——这一过程,可以看作机器在向人类学习如何"打标签"、识别图像。再如,在语言模型的训练中,输入数据是一系列文本,标签则是每一段文本之后的一个词。大语言模型的任务,则是预测(即生成)新的一段文本之后的一个词,进而逐步生成句子和文段。我们将在第七章中对大语言模型的原理进行介绍。

总结来看,监督学习可以比喻为学校里"有教师的授课"。在这种学习方式中,我们为机器提供数据输入,并告诉它这些数据对应的输出,即"答案"或"标签",然后通过训练数据中的"输入—输出"(自变量和因变量),来建立模型。

与监督学习不同,无监督学习的任务并不是预测,而是挖掘数据内部关系,或者大概可以说是对数据进行分组。一般而言,无监督学习不涉及特定的因变量(输出、标签),我们只是希望通过学习数据中自变量的关系来挖掘数据的结构和特征。比如,一家商场收集了一些客户的数据(表1.2),希望向部分客户发放打折券、吸引他们消费。由于商场此前没有发放打折券的经验,很难判断哪些客户收到打折券后更可能来消费。不过,我们仍可以对数据进行分析并对客户进行分组,以观察和了解不同组别客户的特点。使用算法分组后,通过观察可发现,某组客户大都买过大米、肉菜,购物频次也比较高,可能属于住在周边的刚需型消费者;另一组客户消费频次不高,可能属于距离稍远的消费群体,不时会到临近的另一家商场购物。这些经过数据挖掘后得出的信息,有助于商场进行判断和决策,比如,商场认为需要争取中间客户,因而只向后一类消费者发放打折券。

表1.2　商场收集的客户数据

| 姓名 | 性别 | 年龄 | 平均每月购物频次 | 过去一年消费支出(元) | 曾购大米肉菜 | 曾购酒水 | …… |
|------|------|------|------|------|------|------|------|
| 张三 | 男 | 32 | 1 | 537 | 否 | 是 | |
| 李四 | 女 | 39 | 3 | 8340 | 否 | 否 | |
| 王五 | 女 | 53 | 6 | 4200 | 是 | 是 | |
| 赵六 | 男 | 47 | 7 | 16010 | 否 | 是 | |
| 孙七 | 女 | 25 | 4 | 29012 | 是 | 否 | |
| 周八 | 男 | 33 | 1 | 124 | 否 | 否 | |
| …… | | | | | | | |

在形式上,监督学习和非监督学习的主要区别在于有无因变量(标签)指导机器学习的过程。在明确了因变量后,无监督学习

有时可以转化为监督学习。比如,在上述例子中,商场可以记录打折券发放后客户的消费是否有所增加,并以此作为标签,指导此后的打折券发放决策。这就将一个无监督学习过程,转化为监督学习过程。图 1.5 总结了监督学习和无监督学习在实现逻辑上的区别。

**图 1.5 监督学习和无监督学习在实现逻辑上的区别**

在监督学习和无监督学习之外,强化学习是另一种典型的机器学习方法。强化学习也是一种基于"输入—标签"的学习方式。不过,与一般的监督学习不同,强化学习依靠自己创造数据(而非输入已有数据)进行学习。想象我们试玩一款新的电子游戏(比如,贪吃蛇)。开始时,我们并不知道如何操作(向前、向后、向左还是向右?),但是,每次失败后,我们都会从中学到一些经验,下次操作时就会做得更好。这其实就是强化学习的核心思想:一个智能体(agent)在一个环境中采取行动,然后从环境中获得反馈(通常是奖励或惩罚),并根据这些反馈来调整其行为。强化学习适合一些需要通过试错来寻找最佳策略的场景,特别是一些没有明确的正确答案,而是需要基于反馈来调整策略的场景。强化学习的一个著名例子是 AlphaGo 的下一代模型：AlphaGo Zero。AlphaGo 是通过监督学习而训练的，即研究人员将大量过往棋谱和对弈记录整理成为数据，输入并训练模型。AlphaGo Zero 则不同，它不需要过往棋谱和对弈记录的输入，而是自己模拟对弈双方的决策而开展弈局。通过反复博弈，AlphaGo Zero 创造了数据。通过学习自己创造的数据，即寻找每一步的决策及其导致的输赢结果之间的规律，AlphaGo Zero 完成自我优化。由于强化学习主要被应用于游戏开发和自动驾驶等场景，还没有应用于太多法律领域，本书不对强化学习作更详细的介绍。

3. 训练集与测试集

在监督学习中，我们一般将手中的数据分为训练集和测试集，然后进行建模和测试。这里，训练集是用来训练机器学习模型的数据集，而测试集则是用来评估模型性能的数据集。训练集中的数据称为训练数据，测试集中的数据称为测试数据。

划分训练集和测试集的主要目的是评估模型在未曾见过的数据上的泛化能力，即模型预测的准确性。在训练阶段，算法通过学习训练集中的样本来建立模型。测试阶段，我们则使用测试集来评估模型对未知数据的预测能力。注意，由于没有预测对象（因变量），无监督学习的训练中不需要对数据进行训练集和测试集的划分。

下面举例进行说明：假设一家银行发放了一批信用卡，并记录了用户的基本信息及还款中的违约行为（图 1.6）。银行希望建立模型，用以寻找用户特征与违约行为间的规律，为未来的信用卡发放提供决策辅助（甚至，希望算法自动进行发放信用卡的决策）。通常做法是，我们要将数据**随机**分为训练集和测试集，并只利用训

练集中的数据训练模型（寻找规律）；在完成模型的训练后，我们
将模型应用到测试集数据的特征（自变量）上，得出预测结果。进
而，我们将预测结果与真实观察结果（实际违约与否）进行比对，
得出模型的预测准确率。比如，如果模型 A 的预测结果，完全符合
实际的违约情况，那么，我们说模型在测试集上的预测准确率达到
100%；如果只有33%的预测结果与实际情况相符，那么，我们说模
型在测试集上的预测准确率为33%。

| 姓名 | 年龄 | 性别 | 月收入（元） | 受教育程度 | 信用评分 | …… | 违约 | |
|------|------|------|------|------|------|------|------|------|
| 刘一 | 36 | 男 | 2000 | 小学 | 480 | …… | 是 | 训练集 |
| 卢二 | 30 | 男 | 3500 | 大学 | 670 | …… | 否 | |
| 张三 | 66 | 女 | 5000 | 小学 | 590 | …… | 是 | |
| 李四 | 39 | 女 | 8000 | 大学 | 630 | …… | 否 | |
| 王五 | 53 | 男 | 14000 | 高中 | 640 | …… | 是 | |
| 赵六 | 47 | 女 | 6000 | 大学 | 320 | …… | 是 | |
| 孙七 | 25 | 女 | 19000 | 初中 | 450 | …… | 否 | |
| 周八 | 33 | 女 | 7500 | 大学 | 690 | …… | 否 | 测试集 |
| 吴九 | 20 | 男 | 4500 | 小学 | 400 | …… | 是 | |
| 郑十 | 43 | 男 | 9500 | 高中 | 470 | …… | 否 | |

**图 1.6　划分训练集和测试集**

　　划分训练集和测试集时，要确保两个数据集的独立性和代表
性。独立性意味着训练集和测试集中的样本应该是互不重复的
（如图 1.7 所示），以避免过拟合问题（第二章将进一步探讨这一
问题）。代表性意味着测试集应该很好地代表模型在实际应用中
可能遇到的数据分布，以确保评估结果的可靠性。

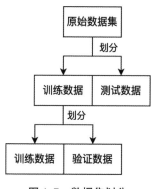

图 1.7 数据集划分

通常情况下,我们**随机**将数据集的大部分样本用于训练集,而将少部分样本用于测试集。常见的比例是 70% 的样本用于训练,30% 的样本用于测试。当然,这个比例并不是固定的,具体的划分比例可以根据研究问题的需要来确定。

在实际应用中,为了提高模型的泛化能力,我们还会进一步将训练集进行划分,分为(狭义的)训练集和验证集。在这里,训练集用于构建和训练模型,验证集用于在训练过程中调整模型参数和选择最佳模型(此处不展开介绍),而测试集仍是用于在模型训练完成后评估模型的性能。

## 五、本书的结构

有了以上基本知识,本书可以进入对具体模型和算法的介绍。接下来的章节将分为两个主要部分。第一部分介绍机器学习的一系列算法,包括第二章至第七章共计六个章节。第二、三、五、六章分别介绍树模型、相关关系与回归模型、聚类和神经网络模型的基本知识,以及他们在真实法律场景中的应用。在第四章中,我们插入一项重要内容:模型评价准则。鉴于文本是法律领域最常见的数据类型,我们在第七章中专门介绍人工智能如何应用于文本数据的处理,即自然语言处理和大语言模型。

本书第二部分介绍以发现因果关系为目标的法律数据科学,由第八章至第十章共三个章节构成。第八章介绍相关关系和因果关系,即因果关系在法律效果评估和政策法规制定中的重要意义,以及探索因果关系过程中的诸多挑战。第九章介绍随机对照实验方法在法学中的应用。第十章介绍自然实验的思想方法,包括匹配法、双重差分法、断点回归法、工具变量法等。

本书尽可能保持通俗易懂,尽量避免使用复杂玄妙的概念和冗长的数学公式。对于一些较为复杂的概念和数学知识,我们放到扩展阅读中供感兴趣的读者参考。

我们尤其重视介绍人工智能和数据科学在法律领域的实际应用案例。比如,第三章将介绍如何使用回归模型分析和预测盗窃案件判决结果;第六章使用神经网络模型预测行政征收案件中原告是否胜诉。通过这些例子,本书希望读者感受算法在实际法律场景中的应用价值和应用路径。同时,我们尽可能交替使用民法、刑法和行政法的例子,以强调各种方法在广泛法律领域中的普适性和包容性。

# 第二章　树模型

考虑这样一个场景:假如你是一名法官,面对一件婚约财产纠纷,原告要求返还彩礼,你需要判决是否支持原告主张。根据当事人提供的书面材料,你可以较为全面地了解双方当事人的个人信息,包括年龄、受教育程度、收入水平(比如,双方订婚时,都还未满法定适婚年龄;纠纷发生时,女方受教育程度和收入水平明显低于男性)。同时,你清楚地知道该案的一些法律要件信息,比如,当事人是否已经登记结婚、是否已经共同生活、彩礼支出是否用于共同生活等。此外,你还能直接观察庭上当事人的一些细节特征,比如,出庭时的神态、穿着、语言等,进而,你可以大概判断当事人的精神状态和品性。甚至,你还可以察觉到一些或多或少会影响你判决的案外因素,比如,如果判决对当事人不利,当事人是否会来法院闹事、是否会作出其他过激行为。由于彩礼返还在我国法律上还处于一个模糊地带,你需要基于以上信息仔细斟酌,作出一个综合的判断,支持或者驳回原告的主张。

那么,首先,在当事人和案件的诸多特征中,你会更看重哪些特征?是当事人的个人情况,还是案件中的法律要件信息,还是那些或许会影响社会稳定和法院绩效的案外因素?其次,基于不同特征的考量有优先顺序吗? 针对某一特征具体的衡量标准是什么呢?

实际上,法官作出的判决就是对以上问题的一个综合回答。我们可以把法官是否支持原告主张看作一个逐步决策的过程,也是一个根据诸多特征变量,包括当事人特征和案件特征,对决策结果进行分类的过程。在机器学习中,决策树就很好地模拟了这种逐步决策的思维模式,为回答上述问题提供了清晰而有效的思路。本章将对树模型的基本概念和建模原理进行介绍,并讨论模型的过拟合(Overfitting)问题和剪枝思路。

## 一、树模型和决策树

树模型属于监督学习,它的任务是对类别进行预测。决策树是一种最基本的树模型。我们首先描述决策树模型的形象。以预测信用卡用户违约为例:假设我们收集了一千名信用卡持卡用户的基本信息,包括年龄、收入、就业状况、受教育程度等;同时,我们记录了这些用户是否曾发生信用卡违约。这时,我们可以建立模型,通过学习这些数据中的规律,预测其他信用卡用户违约的可能性。

图 2.1 展示了一个(假定的)决策树模型。这一模型利用"就业情况""收入情况""年龄"三项信息(也即"特征"或"变量"),判断一名用户是否会发生信用卡违约。比如,甲处于正常就业状态,年收入小于 5 万元,年龄 35 岁,根据图 2.1 的树模型,我们预测甲不会发生信用卡违约。

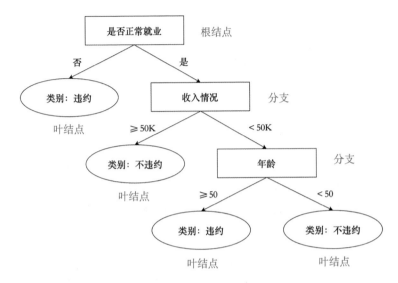

**图 2.1 决策树模型下的信用卡用户违约的分类过程**

可以看出,树模型是一种对样本进行分类的树形结构。决策树由结点(node)和有向边(directed edge)组成。其中,结点有三种类型,分别是根结点、内部结点和叶结点。图 2.1 的树模型中,方框和圆分别代表根结点(内部结点)和叶结点。根结点和内部结点均表示一个特征变量,根据其在决策树中所处的位置进行区分。叶结点则表示一个类(比如,发生信用卡违约、未发生信用卡违约)。决策树是从根结点一层一层往叶结点发展的,根结点在的位置叫作第 0 层,第一个分支(内部结点)处为第 1 层,以此类推。此外,我们称上一层的结点为下一层结点的父结点(parent node),而下一层的结点为上一层结点的子结点(child node)。

决策树上的每一个结点都代表数据集中的某个特征变量。结点延伸出的分支数量是由该特征可以取的类别数决定的。例如图

2.1 中,"是否就业"延伸出来两个类别,"是"与"否"。而年收入作为连续型的特征变量,理论上可以取无限多个值,但这样进行分类操作,显得并不方便。因此,对于连续型的变量,树模型通过设置一个(或若干个)分裂点,将无限多个类别合并成两个(或其他有限个)类别,以对样本进行分类。比如,从"年龄"结点发散出来的"大于 50 岁"和"小于等于 50 岁"两支,就代表了根据 50 岁这个年龄线划分的两个组。需要注意的是,在决策树中,同一结点划分所得的各个类别加总起来,必须涵盖该结点中所有的样本,且各类别的样本不能重复,因为决策树的本质就是分类,分类既不会减少样本,也不会增加样本。

决策树可以看作是一系列"if-then"规则的集合,即,它设置了一系列"如果发生某情况,则执行某操作"的规则。这个规则集合的重要性质是互斥与完备。换句话说,取任何一个新的观测样本,从根结点出发,最终都有且只有一条路径到达某一个叶结点(具体的分类),并且不会出现新样本无法分类的情况。概言之,树模型的预测方式即是由上至下在每一个结点检测新个体的一个特征,根据其特征值进行一次分类,从而将新个体分配到子结点。如果子结点依然是内部结点,则继续根据新个体的特征进行下一次分类,直到到达叶结点为止。如果到达叶结点,就直接将该个体归入叶结点所示的类别中(比如,违约或不违约)。

由于决策树表现为一系列简单的分类规则,因而它的预测逻辑可以得到很好的解释,也因此,很多人称决策树为"白盒模型"。后面章节将要介绍的神经网络等模型,则带有"黑盒"性质,难以对预测因素进行解释说明;或者说,模型的设计者也很难说清楚哪些因素影响了预测,以及影响的强度如何。同时,决策树分类的过程和结果都可以进行可视化表现,直观易懂。模型的可解释性和可视化能够帮助人们更快、更好地理解预测的方法,在很多应用场景中都十分重要。例如,当算法将一名犯罪嫌疑人识别为"存在较高再犯风险"时,我们需要知道是哪些因素导致了这一判断,并了解这一判断背后是否存在算法歧视等问题;同样,当银行的反欺诈监测系统将一笔交易识别为"可疑交易"时,我们也希望了解算法判断背后的原因。因为简单易懂、可解释性强,决策树是很多场景中优先使用的机器学习模型。

接下来的问题是,如图 2.1 所展示的决策树是如何构建的?为什么"就业情况"会成为第一个分类要素?为了提高决策树分类的准确性,有哪些关键问题需要考虑?下文将进行解答。

## 二、决策树的形成

决策树建模的关键在于从众多的特征中找到优先的特征,并基于它进行分类。我们一般称这个寻找的过程为"特征选择"。特征选择不仅指对于关键特征的挑选,也指安排好特征划分的先后顺序。

抛开技术语言,在日常生活中,如果人们要对事物按照其不同属性(特征)做分类,会怎么做呢?设想某人要设计一套规则,区分甜度高的葡萄和甜度低的葡萄。某人尝了 6 串葡萄,对甜度高低进行了标记,同时,观察到了葡萄的两个特征:体积(大、小),颜色(偏紫、偏青),其信息如表 2.1 所示:

表 2.1　葡萄特征和甜度分类

| 体积（特征1） | 颜色（特征2） | 甜度（结果变量） |
|---|---|---|
| 大 | 紫 | 甜 |
| 大 | 青 | 甜 |
| 大 | 紫 | 甜 |
| 大 | 青 | 酸 |
| 小 | 紫 | 酸 |
| 小 | 青 | 酸 |

　　人们会首先使用哪个特征对甜度进行分类？应该是体积。因为如果用体积大小来对应甜度，大对应甜，小对应酸，分类后，准确度达到了 5/6，只有一个出错（图 2.2 左图）；如果用颜色来区分，紫对应甜，青对应酸，准确度只能达到 4/6，错了两个（图 2.2 右图）。可以推想，用第一种规则来推测未尝过的葡萄的酸甜，会更为准确。

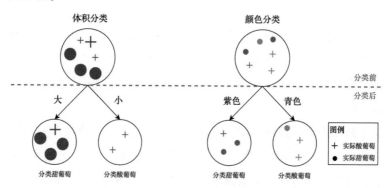

图 2.2　基于葡萄体积和颜色的分类结果

　　换个角度来看，如果把葡萄按照体积划分，其划分后的分类更为**纯净**——划分后，大的类别多为甜，小的类别多为酸；如果按照颜色来划分,则划分后的分类没有那么纯净——酸甜显得较为杂乱。

在此,我们可以引入决策树模型中的几个重要概念,分别是**纯度**(purity)、**信息熵**(information entropy)和**信息增益**(information gain)。

**纯度**:以上例子中体现的分类思维,就是决策树算法的基本原理:决策树模型在各个结点处按照某一特征属性,划分不同的分支,其目的是让划分后的子分类尽可能地"纯净"。一般来说,随着划分的进行,我们希望决策树的分支结点包含的样本尽可能地属于同一类别,即结点的纯度越来越高。这是因为,样本越"纯净",我们就越容易预测其类别。

**信息熵**:自然,我们需要一个衡量分类子样本纯度高低的指标,而信息熵就是一个常用指标。信息熵的概念来源于克劳德·香农(Claude Shannon)在1948年提出的信息论。简单来说,熵可以用于度量事物的不确定性:越不确定的事物,它的熵就越大。若将熵的概念应用到样本分类的场景中,对应的推论就是:信息熵越低,样本纯度越高;信息熵越高,样本的组成成分就越复杂,纯度越低。

信息熵的取值在0至1之间,计算公式见下方的扩展阅读。举例而言,如果一个集合中全是同一类别的样本(比如,全都是红色小球,或者全都是酸葡萄),那么,这个集合的信息熵便很低(等于0)。换句话说,这个集合中的样本的不确定性很低——从集合中随机抽取一个小球,我们可以预测其100%是红色的。而如果一个集合里充斥着不同种类的样本(比如,一半是红色小球,一半是蓝色小球),那么,这个集合的信息熵便很高(等于1)。这个集合中的样本的不确定性很高——从集合中随机抽取一个小球,我们几乎不可能预测其颜色——其颜色是随机的(50%红色、50%蓝色)。

---

**扩展阅读:信息熵的计算方法**

信息熵可以通过以下公式进行计算:

$$H(S) = -p(x_1)\,log_2 p(x_1) - p(x_2)\,log_2 p(x_2) - \cdots$$
$$- p(x_i)\,log_2 p(x_i) - \cdots - p(x_n)\,log_2 p(x_n)$$

其中,$S$ 代表数据集,$x_i$ 代表第 $i$ 类样本,$p(x_i)$ 则代表第 $i$ 类中的样本在总数据集样本中所占的比例。

比如,假设只有红色小球和蓝色小球两类。某一个集合中,有 10 个小球,都是红色,那么这一集合的信息熵 $= -\dfrac{10}{10} \times log_2\left(\dfrac{10}{10}\right) - \dfrac{0}{10} \times log_2\left(\dfrac{0}{10}\right) = 0$。这也意味着,集合中的信息没有任何不确定性。

另一个集合中,有 5 个红色小球,5 个蓝色小球,那么这一集合的信息熵 $= -\dfrac{5}{10} \times log_2\left(\dfrac{5}{10}\right) - \dfrac{5}{10} \times log_2\left(\dfrac{5}{10}\right) = 1$。这也意味着,集合中的信息充满了不确定性。

---

**信息增益**:树模型的目标,正是通过设置结点,对数据集进行先后多次分类,以提高不同数据子集的纯度,使无序的数据变得有序且便于预测。具体地,我们可以通过计算分类前后样本纯度的**提升程度**,即信息增益,来衡量某特征的分类效果。信息增益的计算公式见下文中的扩展阅读。通俗来讲,信息增益,即得知某特征的信息后,分类的不确定性减少的程度。信息增益越大,则意味着

使用该特征进行划分所获得的纯度提升越大,最终分类结果的不确定性越小。因此,在决策树的基本算法中,我们倾向于优先选择信息增益最大的特征进行划分。图 2.3 比较了使用两个特征( A1 和 A2)进行划分的优劣。相比于左侧方案,右侧方案所得到的数据集显然更为"纯净",即右侧所采用的分类方法信息增益更大。这也是上述葡萄种类划分的例子( 表 2.1)所展示的思想。

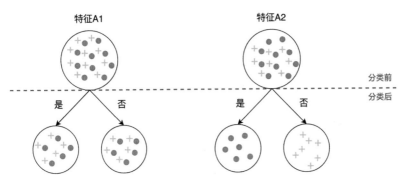

**图 2.3　按不同特征分类所得的信息增益**

扩展阅读:信息增益的计算

　　简单来讲,信息增益就是分类前原数据集的熵减去各子集信息熵的(加权)平均。假设我们根据特征 A 对数据集进行划分,这时,信息增益的计算公式为:

$$IG(A,S) = H(S) - \left[ p(t_1) H(t_1) + p(t_2) H(t_2) \right]$$

　　其中,H(S)是原数据集 S 的熵。数据集 S 被按照特征 A 划分成了两个子集 $t_1$ 和 $t_2$, $p(t_1)$ 和 $p(t_2)$ 分别代表子集 $t_1$ 和 $t_2$ 在总数据集中的样本量占比。$H(t_1)$ 和 $H(t_2)$ 则分别代表两个子集的熵。

举例而言，假设有一个数据集，其中有 5 个红色小球和 5 个蓝色小球。如果我们使用颜色作为特征进行分类，则：

$$H(S) = -0.5 \cdot \log_2(0.5) - 0.5 \cdot \log_2(0.5) = 1$$

设红色小球的子集为 $t_1$，蓝色小球的子集为 $t_2$，那么

$$H(t_1) = 0 \text{（因为都是红色小球）}$$

$$H(t_2) = 0 \text{（因为都是蓝色小球）}$$

信息增益为：

$$IG(A, S) = 1 - (0.5 \times 0 + 0.5 \times 0) = 1$$

**决策树的算法**：基于信息增益原则，我们可以将树模型的建模过程概括为以下步骤：(1) 计算**每一个**特征产生的信息增益，比如，分别计算"就业情况""收入情况""年龄"三个特征（或者是，分别计算"体积"和"颜色"两个特征）带来的信息增益；(2) 比较信息增益大小，选择信息增益**最大**的特征对数据集进行划分，形成若干个分类子集；(3) 对每一个分类后的子集重复上述两步；(4) 继续划分信息熵大于 0 的结点；(5) 信息熵为 0 的结点即为叶结点，划分停止。或者，特征已经全部使用，划分停止。

举例而言，如图 2.4 所示。我们计算信息增益，建立判断葡萄酸甜的决策树，由于按照体积进行分类，带来的纯度提升高、信息增益大，我们首先使用体积对数据进行分类。在使用体积大小分类后，小全部对应着酸，即为叶结点，划分停止；大对应着甜和酸，我们需要继续使用颜色进行分类，紫对应着甜，青对应着酸。这时，所有特征信息都已用完，划分停止。

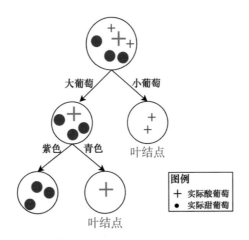

**图 2.4　实现葡萄甜度分类的决策树模型**

决策树的建立提供了一套规则,可以用于今后对葡萄酸甜的判断(即预测):小的葡萄,都判断为酸。大的葡萄,要根据其颜色,进一步判断其酸甜。

当然,在实际应用中,要如第一章所述,将数据分为训练集和测试集,在训练数据上对模型进行训练,在测试数据上对模型的准确性进行评估——这当然要求有比较大的样本量,这也是为什么建模与大数据息息相关。

### 三、决策树的过拟合问题

在理解了建模的基本逻辑后,随之而来的问题是,决策树应该在何时停止生长(分类)?一种情况是,决策树在分类达到纯度最大化的时候停止生长。具体来说,当所有结点中的个体都属于同一类别时,分类的纯度达到最大值。这时,继续分类将无法带来新的信息增益，这意味着决策树已经完成了它提升纯度的使命，无须再寻找新的特征进一步划分样本。换句话说，当所有结点信息熵都为0，树模型便可停止生长。另一种情况是，决策树用尽了所有可用的特征属性。此时，即便分类结果不纯，但数据集中已不再有新的特征变量供决策树进行分类使用，于是决策树被迫停止生长。总之，决策树用递归算法不断地产生新结点，直到达到纯度最大值或穷尽特征属性时才会停止分类。

　　不过，在实践中，完整生长的决策树模型往往比较复杂，表现为树的层数和叶结点数量很多，但每个叶结点中包含的样本量很少。这种决策树所代表的精细的分类准则，对训练数据的划分十分准确，但对测试数据或者未知数据的分类却往往不尽如人意，即会出现所谓的过拟合现象。

　　包括树模型在内的几乎所有机器学习算法都试图通过对模型参数进行调整以适应和匹配给定的数据集，即提高模型的"拟合度"。当我们说一个模型"拟合"了数据时，意味着该模型通过学习数据的模式和结构，能够很好地刻画和描述已有的数据（一般是训练集的数据）。但是，当模型的复杂度高于实际情况的复杂度时，就会出现过拟合现象。过拟合的出现通常是由于算法试图匹配训练数据中的随机噪音或局部模式（即局部规律），因而寻找到的模式并不适用于新的数据。或者说，模型只寻找到了局部的规律，以偏概全，不能推广到一般的情况。

　　我们用一个例子对此进行说明。表2.2是由9个样本组成的用天气湿度预测人们是否出门踢足球的数据集。根据常识，人们倾向于在空气湿度低的天气（晴天）出门踢足球，而在湿度高的天气（下雨天）不出门。如果我们允许决策树完全成长，对该训练数据进行彻底分类,我们得到的分类准则将如图 2.5 所示。

表 2.2　不同湿度下的踢足球决策

| 序号 | 湿度 | 是否踢足球(是=1,否=0) |
|------|------|------------------------|
| 1 | 0.90 | 0 |
| 2 | 0.89 | 1 |
| 3 | 0.87 | 0 |
| 4 | 0.80 | 0 |
| 5 | 0.75 | 0 |
| 6 | 0.70 | 1 |
| 7 | 0.69 | 1 |
| 8 | 0.65 | 1 |
| 9 | 0.63 | 1 |

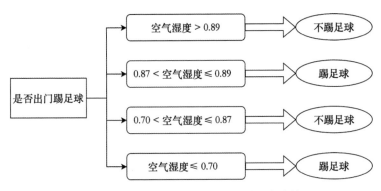

图 2.5　空气湿度与踢足球的关系:过拟合的情况

　　由于一个异常值(0.89,踢足球)的出现,进行彻底分类的决策树模型预测人们会在 0.87<空气湿度≤0.89 时出门踢足球,而这显然不符合数据呈现出的总体规律。这样的分类方法完美地拟

合了训练数据，因为它为个别异常值"量身定制"了分类准则。但是，允许决策树对训练集进行这样的彻底分类，会导致其对未知情况的分类能力降低。这是因为，针对异常值定制的细则不是一种可以泛化的"规律"，而仅仅是一种对具体数据的"记忆"。

　　图 2.6 给出了另一个例子。在训练数据中，红色点和蓝色点分别代表两种类别，我们面临的任务是找到一个分类标准，将红色点和蓝色点划分出来。假设横轴和纵轴的取值代表这些点的两个特征。①这样，图中每一个点都可以被表述为（横轴值，纵轴值，颜色）。图中绿色线条代表模型的分类标准，绿色区域中的点被模型归为红色类，黄色区域中的点则被模型归为蓝色类。图 2.6 从左至右，分别为模型欠拟合、模型性能较好和模型过拟合的情况。不难发现，模型 B 正确地描绘出了红蓝点分布的大致规律，基本满足分类的需求。相比之下，模型 A 未能对很大一部分数据点作出正确的分类；而更为复杂的模型 C 试图将每一个点都准确地进行分类，却因小失大，无法反映出红蓝点分布的任何规律。

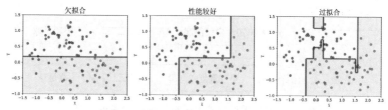

图 2.6　模型欠拟合、性能较好、过拟合

———————————

① 比如，可以将红色点和蓝色点想象为甜葡萄和酸葡萄，两个特征是葡萄的体积和颜色，横坐标 x 代表体积（大小），纵坐标 y 代表颜色（深浅）。

从上述例子不难看出，模型并不是越复杂越好。一旦出现过拟合现象，模型对于既有数据的解释力和对未知数据（测试数据）的预测能力就会大打折扣。如图 2.6，如果模型 B 已经能够解释数据中呈现出来的主要规律，那么我们就没有必要进一步将模型复杂化。这背后的逻辑与著名的奥卡姆剃刀（Ockham's Razor）原理相似："如无必要，勿增实体。"机器学习中，模型选择的思路也如此：如果两个模型对数据的解释能力几乎相同，那么我们应该选择较为简单的模型对数据进行拟合。

总的来看，在评价树模型时，分类得到的数据集的"纯度"或"信息熵"固然是重要指标，但一个好的模型应该同时具备"泛化能力"或"外部有效性"（external validity），即在未知数据上的预测准确性。

从数学的角度看，过拟合问题表现为模型在训练数据集和测试数据集中的不同错误率（即，不同的分类准确度）。图 2.7 展示了树模型的复杂度和错误率在训练数据集和测试数据集中的一般性关系。随着决策树层数（x 轴）的不断增加，模型在训练数据集的表现会越来越好，分类的错误率（y 轴）不断下降。但是，随着决策树的复杂化，模型在测试集的错误率经历了先下降，又逐渐上升的过程。这正意味着复杂程度高的决策树过度拟合了训练数据，导致其在测试数据集上的泛化能力下降。

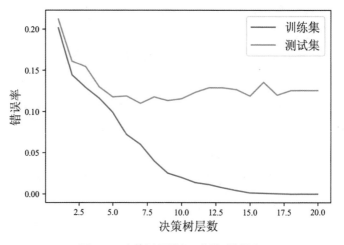

图 2.7 决策树层数与(分类)错误率

需要注意,这种现象的发生,除了上述提到的原因(模型学习了训练数据中的噪声和异常值,或者是局部的规律和模式,导致其泛化能力降低),还可能是因为模型使用了无关的特征变量来预测结果变量。举个极端的例子:在研究信用卡用户是否违约时,信用卡卡号是无关属性;在研究法官是否支持原告诉讼请求时,案件案号是无关属性——因为这些号码本身不具备任何预测结果的能力。但是,如果我们将号码作为变量放进模型,却会对训练集的数据产生很好的拟合效果。这是因为,卡号、案号等特征与样本个体有一一对应的关系,决策树模型根据信息增益最大化的原则,会按照卡号、案号对样本进行划分,以得到最"纯"的分类结果。这种分类方法当然会使得样本纯度很高,使得模型在训练集上的预测准确度极高,但如此生成的模型却不具有任何泛化能力。为了不犯这种低级错误,在任何一个数据分析和建模任务前,我们都要先抽取部分数据进行观察,并对数据进行描述性统计。数据科学家常说,分析数据永远应该从"认识你的数据"(know your data)做起。

## 四、决策树的剪枝

为了解决过拟合问题,提高模型的泛化能力,我们需要合理地简化决策树模型。我们一般称这一简化的过程为剪枝(pruning):即从已经生成的树上裁剪掉一些子树或叶结点,并将其父结点作为新的叶结点,从而简化分类树模型。

### 1.决策树的预剪枝

树模型的剪枝可以分为预剪枝和后剪枝。顾名思义,预剪枝是在决策树的生成过程中限制树的生长,即在完全分类前,提前停止树的生长。有两种简单的预剪枝方法:(1)在树到达一定层数时,停止树的生长;(2)在结点包含的样本数小于某一个阈值时,停止树的生长。下面对这两种方法分别进行介绍:

在预剪枝中,提前设定最大层数可以较好地解决决策树完全生长带来的过拟合问题。当然,我们往往需要依赖专业的学科知识来确定这一最大层数。例如,假设我们收集了犯罪嫌疑人的一些数据,希望预测犯罪嫌疑人在取保候审期间是否会重新犯罪,并依此建立一个取保候审决策辅助模型。在实地调研后,我们得知,犯罪嫌疑人是否有犯罪历史和稳定收入对判断重新犯罪至关重要。这时,我们可以将决策树的最大层数设置为2,而不再根据年龄、受教育水平等特征对数据集进一步分类。图2.8分别展示了未剪枝和经过预剪枝树模型,可以看出,预剪枝使得决策树的很多分支不再"展开"。这不仅降低了模型过拟合的风险,还显著减少了建模过程中对算力的消耗。

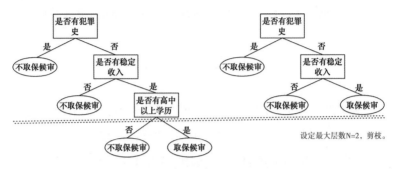

设定最大层数N=2，剪枝。

**图2.8　根据最大层数进行预剪枝**

　　第二种预剪枝的方法是控制结点中包含的最小样本个数。同样以预测犯罪嫌疑人在取保候审期间是否会重新犯罪为例。如图2.9所示，假设我们在结点上进一步基于犯罪嫌疑人的受教育水平进行分类，分类结果得到的两个子数据集（子结点）样本量为40和3。这时，若将叶结点最低样本个数的阈值设定为5，那么，我们就应该对这一新增结点进行剪枝处理。这样的剪枝处理对树模型的预测能力影响不大，但能够有效降低过拟合风险。

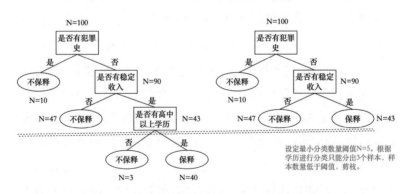

设定最小分类数量阈值N=5。根据学历进行分类只能分出3个样本，样本数量低于阈值，剪枝。

**图2.9　根据结点最小样本数量阈值进行预剪枝**

## 2. 决策树的后剪枝

预剪枝通过事前设定最大层数和最小样本数量阈值来进行剪枝。后剪枝则不同,它发展出完全生长的决策树,然后再自下而上地对每个非叶结点进行考察,并删减枝叶。在这里,剪枝的标准为:如果将一个结点下方的子树替换为叶结点,能带来模型预测性能的提升,我们则将该子树替换为叶结点(即提前结束树模型的生长)。为了对比剪枝前后模型的预测能力,我们需要一个独立的数据集来考察剪枝的效果。通常的处理方式是,将训练数据划分为训练集和验证集,在训练集上进行训练,并在验证集上考察剪枝的效果。需要特别说明的是,从训练数据中划分出来的验证集只能用于剪枝,而不能用于模型测试;或者说,验证集需要独立于(狭义的)训练集和测试集。原数据、训练数据、验证数据和测试数据的关系如下图 2.10 所示。

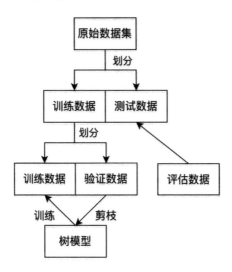

图 2.10 树模型下不同数据集之间的关系

后剪枝的过程,就是一个在验证数据集上不断比较各种深度的模型的预测准确率的过程。具体而言,我们需要先基于训练数据集构建完整的决策树,使其对训练数据的拟合度尽可能高。而后,我们从底部开始逐步尝试剪枝。对于每个非叶子结点,我们都要计算:在将其裁剪后,模型在验证集上的预测能力是否会出现变化。若剪除部分结点并不会导致模型预测能力的下降,甚至能带来准确性的提高,那么就进行剪枝;否则,我们就保留该分支,进而判断其他需要考虑剪枝的结点。

同样以预测犯罪嫌疑人在取保候审期间是否会重新犯罪为例。我们首先需要将原始数据分为训练集、验证集和测试集。其次,我们用训练集建立完整生长的树模型(如图 2.9 左侧)——模型深度为 3。此时,我们要测算该模型在验证集上的预测准确率——比如,准确率为 70%。最后,我们需要考察,是否应当裁剪"受教育程度"以下的枝叶:如果裁剪后(深度减少为 2),模型在验证集上的准确率高于(或等于)70%,我们则应当裁剪该枝叶。以此类推。

图 2.11 展示了后剪枝对模型分类错误率的影响。一般而言,较多的结点数量(深度)会同时降低模型在训练集和验证集中的错误率(虚线左边部分),但当结点增加到一定程度后(此处为大于 5 后),继续增加结点数量会增加模型在验证集中的错误率。我们可以把后剪枝的过程理解为寻找箭头标注的最优点的过程。在该点时,模型在训练集和验证集中同时具有较为良好的表现。也即,模型既在训练集中有着较好的分类能力,又在验证集中有着较好的预测能力。

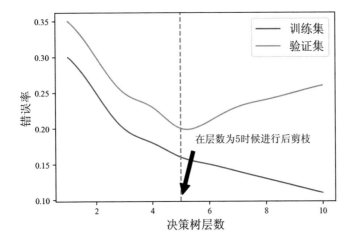

图 2.11 决策树的后剪枝选择

## 五、集成学习与随机森林

在实践中,单个决策树模型的学习效果(预测能力)有时并不理想。这时,一个常用的策略是使用多个模型一起作出预测,使其取长补短,提高预测准确率。这背后的思想和人类集体决策的逻辑一致:集体决策时,我们听取团队每个成员的意见,综合作出判断;这种判断吸纳了更多信息、综合了集体智慧,同时有效减少了个别成员判断失误(即"噪音"或"局部模式")的影响。

在机器学习中,集成学习(Ensemble Learning)就是这样一种方法,它结合多个模型的预测,试图得出最好的结果。这种方法的好处是,即便个别模型可能犯错,但错误通常不会集中,因而集体决策往往比单一决策更准确。同时,数据中噪音的影响也会因为集体决策而削弱。

集成学习有很多种方法,其中最常见的有两种:Bagging 和 Boosting。这里我们只介绍 Bagging 方法。在 Bagging 中,我们从原始数据集中随机抽取多个子集,然后,在每个子集上独立地训练一个模型。最后,我们将这些模型的预测结果进行综合(投票或加权),进而给出最终的预测结果。举例而言,假设我们有 1000 个样本,希望建立一个预测犯罪嫌疑人是否重新犯罪的模型。Bagging 的思路即:从 1000 个样本中随机抽出 100 个子样本,并基于 100 个子样本独立训练一个模型。将"抽样—训练"过程重复多次,我们会得到多个模型,而每个模型都会给出一个预测。综合这些预测(比如,用多数决的方式进行投票),我们得到一个最终的预测结果。Bagging 方法的流程如图 2.12 所示。

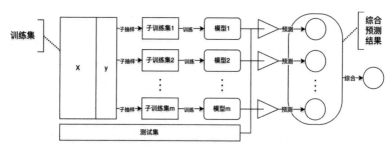

**图 2.12　集成学习 Bagging 方法示意图**

Bagging 可以有效减少噪音对模型的影响。以表 2.1 中预测人们是否出门踢足球为例,如果用决策树的方法,我们会出现过拟合问题:模型会判断,当湿度=0.89 时,人们会去踢球。不过,当我们使用 Bagging 时,模型会多次随机抽取一部分样本进行学习,而大部分子模型并不会抽取到湿度=0.89 时的数据;由于最终决策是各子模型"投票"作出的,这就避免了这一噪音数据点对模型预测的影响。

实践中,随机森林是人们经常使用的一种预测模型。随机森林模型是集成学习的一种,它是由许多决策树组成的森林。这些决策树的训练过程带有随机性,比如,在构建每棵树时,都会随机抽取一部分数据作为训练集(即数据的随机抽样),或是随机选取一部分特征进行建模(即特征的随机选取)。这种随机性有助于提升模型的泛化能力,也就是对新数据的预测性能。当使用随机森林进行预测时,我们会让森林中的每一棵树都进行预测,然后选择出现次数最多的结果作为最终的预测结果(投票、多数决)。

随机森林有效利用了集成学习和决策树的优点,在处理复杂的预测任务时表现出色。同时,随机森林能够更加有效地处理大规模数据集和高维特征,而不需要进行精细调整,这使得其在操作中十分简便。当然,相比于单个决策树模型,随机森林的可解释性就弱了许多,我们很难像绘制单个决策树那样,清楚地说出每一个结点特征和分类依据。这恐怕是所有复杂机器学习模型的共性问题。

## 六、应用实例: 预测美国最高法院判决

树模型能否用于预测法院的判决?模型的预测准确率和法律专家相比,孰高孰低?早在 2003 年,一些政治科学家便考察了这些问题。不过,他们的研究范围较为有限,集中在预测美国最高法院判决这一具体场景。①

---

① See Andrew D. Martin, Kevin M. Quinn, Theodore W. Ruger and Pauline T. Kim, 2004, "Competing Approaches to Predicting Supreme Court Decision Making", *Perspectives on Politics* 2(4):761–767.

　　为了构建决策树模型,安德鲁・马丁(Martin, Andrew D.)等作者收集了美国最高法院某自然任期内(即无法官变动的一段时间内)已经判决的 628 案件。对于每个案件,作者使用六个要素作为特征(自变量),分别是:(1)案件的起诉地;(2)案件的问题领域,比如,言论自由案件、堕胎合法化案件、种族平权案件、警察权力案件,等等。这里作者使用的是以往政治科学家对问题领域的编码;(3)申诉人类型(例如,美国政府、雇主、受害者等);(4)被申诉人类型;(5)下级法院判决的意识形态方向——自由(liberal)还是保守(conservative)。此处使用的也是以往政治科学家对判决意识形态的编码。比如,如果下级法院支持种族平权,则是典型的自由派判决;下级法院强调警察权力和打击犯罪,则是典型的保守派判决。(6)申诉人是否提出合宪性审查。基于这 6 项特征,作者构建了一系列决策树模型,用于预测最高法院每一名法官的判决投票,以及法院整体给出的判决结果(是否推翻下级法院判决)。

　　作为背景,我们需要知道的是,政治科学家哈罗德・J・斯佩思(Harold J. Spaeth)等人早在二十世纪八十年代就设计了一套流程,将美国最高法院以往的所有判决进行了数据化,这是这一研究得以开展的基础。此外,美国最高法院是一个典型的政治法院,其判决大体遵循的是政治而非法律逻辑。以往的研究已经反复表明,法官的政党归属和意识形态是最能预测最高法院判决的变量。

　　图 2.13 展示的是奥康纳(Sandra Day O'Connor)法官判决的预测模型。通过学习以往判决数据,这一决策树模型把意识形态放到了第一位:如果下级法院作出的是一个偏自由派的判决,模型预测奥康纳法官会投反对票,推翻下级法院判决。这很可能是因为,奥康纳是共和党总统里根任命的保守派法官。

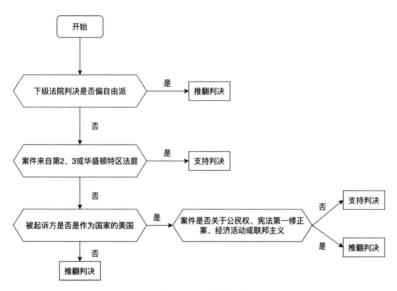

图 2.13 拟合奥康纳法官判决的决策树模型

为了说明该决策树如何运作,作者举了美国最高法院判决的格鲁特(Grutter)诉布林格(Bollinger)案(2003年)作为例子。这一案件的原告是一位名叫格鲁特的白人女性,她申请攻读密歇根大学法学院,但没能被录取。原告发现,密歇根大学为了照顾种族多样性,在招生过程中对少数族裔作了倾斜。她认为,这一平权性质的招生政策违背了宪法。此案首先由美国第六巡回上诉法院作出判决,认为密歇根大学在招生中的平权政策符合美国国家利益。该案提审至最高法院后,最高法院以5:4的投票支持了第六巡回上诉法院的判决结果,同样认为密歇根大学的招生政策并不违宪。

那么,以上决策树模型对奥康纳法官的判决作出怎样的预测?沿着图2.13的模型,我们关注第一个结点,即下级法院作出的判决是否偏自由派。在格鲁特诉布林格案(2003)中,下级法院的判决是偏自由派的,因此决策树模型很快就来到了叶结点,预测奥康纳将投票推翻下级法院判决。不过,在这个案件中,决策树模型给出的预测是错误的——实际上,奥康纳法官在本案中投出的是赞成票。当然,决策树模型也不乏正确的时候:在一个类似的案件,格拉茨(Gratz)诉布林格(Bollinger)案(2003年)中,模型便对奥康纳法官的投票作出了正确的预测。

模型发生错误并不意外——就像人也经常犯错误一样。问题在于,相比于法律专家,决策树模型的预测结果是否更准确呢? 作者对这个问题也进行了研究,他们让模型和法律专家分别预测一系列美国最高法院正在审判,但尚未作出判决的案件。法律专家包括法学院院长、教授,以及曾在最高法院出庭的律师,可以说,这一阵容相当强大。表2.3展示了模型和专家对案件结果的预测。模型正确预测了75.0%的案件结果,而法律专家正确预测了59.1%的案件结果。这表明模型预测案件结果的准确率高于法律专家。

表 2.3 树模型和法律专家对案件结果预测的准确率①

|  | 正确预测 | 错误预测 | 总数 |
|---|---|---|---|
| 树模型 | 51(75.0%) | 17(25.0%) | 68(100.0%) |
| 法律专家 | 101(59.1%) | 70(40.9%) | 171(100.0%) |

由于美国最高法院的判决结果是由九名法官根据少数服从多数的原则决定的,作者也比较了模型和法律专家对每个法官投票的预测。如表2.4所示,模型正确预测了66.7%的法官投票,而专家正确预测了67.9%的法官投票。这表明在预测法官投票方面,

① 注:根据 Martin et al.(2004)原文 Table 1 翻译整理。

模型和专家的准确率十分相近。

表 2.4　树模型和法律专家对法官投票结果预测的准确率①

| | 正确预测 | 错误预测 | 总数 |
|---|---|---|---|
| 树模型 | 400(66.7%) | 200(33.3%) | 600(100.0%) |
| 法律专家 | 1015(67.9%) | 479(32.1%) | 1494(100.0%) |

　　为什么决策树模型对法官的预测,准确率与法律专家相近,而对案件结果的预测,准确率高于法律专家呢? 作者展示了决策树模型和法律专家对每个法官投票的正确预测比例(图 2.14)。从图中不难发现,模型在预测奥康纳法官的投票时表现较佳,比法律专家的预测准确率高出不少。而通常认为,奥康纳法官是最高法院的"关键一票"——她时常在自由派和保守派间摇摆。模型能较好地预测她的投票,因而总体表现超出专家。

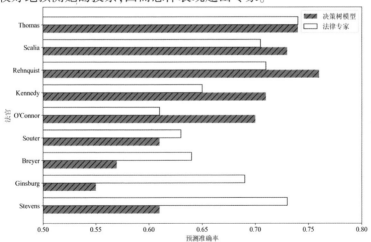

图 2.14　决策树模型和法律专家对不同法官投票结果的预测准确率

---

① 注:根据 Martin et al. (2004)原文 Table 2 翻译整理。

　　对于法律从业者和案件当事人，预计案件结果在作各类决策时都至关重要。马丁等人的研究说明，机器对判决的预测准确率可以超过人类专家。这无疑是一个重要的发现。在理解这一发现的意义时，也许我们还应该注意效率层面的问题：机器作出预测，只需要很短的时间、很低的成本；而人类专家作预测，则需要长时间的学习、理解、思考和判断。很多时候，速度快、效率高、成本低，是机器预测较人类决策的优势，并且是十分重要的优势。当我们思考机器和人类决策的一般性问题时，应当将这些因素纳入考量。

# 第三章　相关关系与回归模型

　　观察和挖掘事物之间的联系是科学发现的基础,分析相关关系是我们认识事物之间联系的直观方法。18 世纪,英国格洛斯特郡的小镇上,内科医生爱德华·詹纳(Edward Jenner)听闻一种流传在当地奶场女工和农民中的说法:患有牛痘的挤奶女工不会染上天花。正是得益于牛痘和天花之间"互斥"关系的发现,詹纳研究出了牛痘疫苗,遏制了天花的传播,拯救了无数生命。他也因此被称为"免疫学之父"。历史上,天花病毒曾夺走近上亿人的生命,而在 1979 年,天花已经在全球范围内被根除。一个偶然发现的相关关系,成为传染病研究的突破口,也促成了人类历史上首个疫苗的发明。

　　相关关系的价值体现在日常生活的方方面面。气象站根据空气相对湿度和降雨量之间的联系预测天气情况;犯罪现场的勘查中,警察通过脚印的尺寸来估计嫌疑人的身高;法官根据被告是否有犯罪前科,评估其再犯的风险和社会危害性;银行根据用户的消费记录测评其贷款违约风险;超市根据季节温度变化,选择入口货架上摆放的商品种类等。这些例子都表明,认识事物之间的相关关系能够帮助人们作出更为准确的判断。本章将介绍相关关系,并讨论回归模型在识别相关关系并将相关性应用于预测过程中的作用。

## 一、相关性分析与回归模型概述

### 1. 相关性分析的基本概念

对两个变量或多个变量之间相关关系的分析被称作相关性分析（correlation analysis）。相关性分析可以分为三个层次。首先，变量之间是否存在相关关系，即两个或多个变量的变化趋势是否存在某种"联系"。其次，如果两个或多个变量之间确实相关，这种相关关系的方向是什么。比如，随着收入不平等程度的增加，犯罪率是上升还是下降？随着经济的增长，水污染、空气污染等环境指标会一直趋于恶化吗？最后，我们希望量化事物之间的相关关系，为相关性的强度提供一个度量。

相关性分析可以处理多种数据类型的变量之间的关系。比如，我们可以分析**连续型变量**之间的相关性，比如身高与体重之间的关系，各地区犯罪率与房价之间的关系。相关性分析也关注**连续型变量**和**类别变量**之间，以及**类别变量**和**类别变量**之间的联系，如收入水平和婚姻状况（已婚或未婚）的关系，婚姻状况和工作时长的关系，就业情况（就业或失业）和婚姻状况的关系。

要判断两个变量之间是否存在相关关系，最直观的方法是绘制散点图。假设我们想对收入不平等与犯罪率展开相关性分析，并收集了美国各州的基尼系数和犯罪率数据。其中，基尼系数（Gini coefficient）是用于衡量收入分配平等程度的指标，基尼系数越大，居民收入分配越不平等。接下来，我们以基尼系数为横坐标，犯罪率（用每 10 万人暴力犯罪案件数衡量）为纵坐标，每个州为一个观测点,绘制散点图(见图 3.1)。[①]

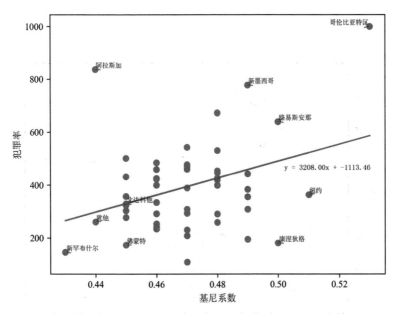

图 3.1　美国各州不平等程度与犯罪率

从图中可以看出,随着不平等程度的增加(基尼系数的上升),犯罪率也呈现了一定的上升趋势。据此,我们可以初步判断这两个变量之间存在较强的相关性。另外,我们观察到两个变量的变动方向相同,不平等程度由小到大变化的同时,犯罪率也从低到高变化,这种相关性也被称为正相关性(positive correlation)。反之,如果我们观察到两个变量的变动方向相反,则称这两个变量具有负相关性(negative correlation)。比如,图 3.2 展示了各个国

① 数据来源参见 Pablo Fajnzylber, Daniel Lederman, and Norman Loayza, 2002, "Inequality and Violent Crime", *The Journal of Law and Economics* 45(1):1–39。

家收入分配不平等程度和居民平均寿命之间的关系。不难发现,
两者之间存在着明显的负相关,即在收入越不平等的国家,居民的
平均寿命越低。

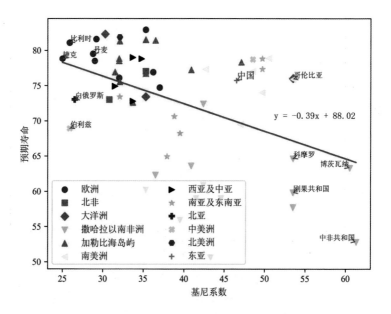

图 3.2　不平等程度与居民平均寿命①

在以上的例子中,变量间的变动关系似乎是呈线性的。换句
话说,我们可以用一条直线来"概括"变量之间协同变化的规律。
但除此之外,事物之间当然还存在更为复杂的非线性关系。例如,
环境库兹涅茨曲线(Environmental Kuznets Curve,简称 EKC)描述

① See Roberto De Vogli, Ritesh Mistry, Roberto Gnesotto and Giovanni Andrea Cornia,
2005, "Has the Relation between Income Inequality and Life Expectancy Disappeared?
Evidence from Italy and Top Industrialised Countries", *Journal of Epidemiology and
Community Health* 59(2):158-162.

了经济发展与环境污染之间的关系:现代社会,随着经济增长,环境污染(包括水污染、空气污染等)会先趋于恶化,直到人均 GDP 达到一定水平之后,环境指标将逐渐好转。图 3.3 展示了这样一种倒 U 型关系。这一曲线关系背后的逻辑十分直观:在经济发展初期,大规模工业生产不可避免地带来环境污染,因此曲线的前半部分呈上升趋势;而当经济发展达到一定程度,随着人们对环境质量要求的提升,随着生产技术、污染物处理技术的创新,环境污染水平又会逐渐下降,经济发展程度和污染水平开始呈现负相关。由此可见,虽然经济发展与环境污染程度有着密切的相关关系,但这种相关性会随着时间的推移或是经济发展阶段的不同而发生变化,而不是单一的正相关或负相关关系。

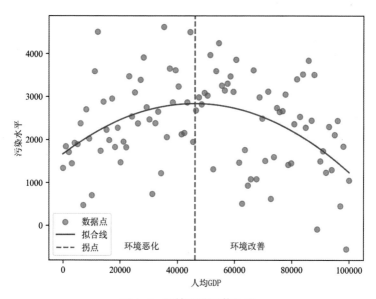

图 3.3 环境库兹涅茨曲线

　　另一个经典的非线性关系的例子是人口统计学中的普雷斯顿曲线（Preston Curve）。人口学家萨缪尔·普雷斯顿（Samuel Preston）在 1975 年发表的研究中提出，人均收入和预期寿命之间存在明显的正相关关系——生活在经济发达、收入水平高的国家或地区的居民，比生活在相对落后的国家或地区的居民寿命更长。图 3.4 中的普雷斯顿曲线刻画了一些地区间人均收入水平和人均预期寿命的关系。不难发现，该曲线在开始时增长趋势非常明显，这意味着，在人均收入水平很低的地区，经济状况稍有改善就可以带来人均预期寿命的大幅度提高。而在收入水平较高的地区，经济发展带来的预期寿命提高十分有限。因此，收入和预期寿命这两者之间并不是严格的线性相关，而是呈现出先快速上升而后增长趋于平缓的关系。

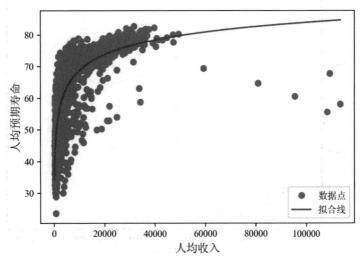

图 3.4　人均收入水平与人均预期寿命

2. 相关系数的计算与解读

至此,我们介绍了正相关和负相关、线性相关和非线性相关的概念。接下来我们对相关关系的强度进行探讨。简单来说,相关关系的强度衡量的是变量与变量之间在多大程度上是紧密联系的。在很多情况下,相比于相关关系的方向,人们更关注相关性的强弱。例如,我们不会对法官经验与审判效率呈正相关感到意外,即法官经验越丰富,处理案件便越快。值得深入探究的是,这种正相关到底有多强。如果程度很弱,那么这种相关性对我们研究和理解司法效率的意义有限。反之,如果相关性强,我们便可以将法官经验这一因素运用到对司法效率(审理时长)的分析和预测中。

为了度量相关关系的强度,我们引入相关系数(correlation coefficient)的概念。相关系数最早由统计学家卡尔·皮尔逊(Karl Pearson)提出。针对不同的研究对象,相关系数有多种定义方式,我们介绍最常用的皮尔逊相关系数,通常用 r 或 Pearson's r 表示。表 3.1 是由 5 个买卖合同案件构成的数据集,两个变量分别是买卖合同中原告的提请金额( x )和法院支持金额( y )。在计算相关系数之前,我们首先需要用样本协方差(sample covariance)来衡量两个变量协同变化的程度。协方差的计算公式如下:

$$cov(x,y) = \frac{(x_1-\bar{x})(y_1-\bar{y})+(x_2-\bar{x})(y_2-\bar{y})+\cdots+(x_n-\bar{x})(y_n-\bar{y})}{n-1}$$

式 3.1

又可以写作 $\dfrac{\sum_{i=1}^{n}(x_i-\bar{x})(y_i-\bar{y})}{n-1}$

其中, $\bar{x}$ 和 $\bar{y}$ 分别代表样本中原告提请金额(变量 x )和法院支持金额(变量 $y$ )的平均值; $n$ 是样本数,此处为 5。如果变量 $x$ 和变量 $y$ 的变动方向是一致的,那么对于个体 $i$ 来说,当 $x_i$ 超过样本平均值时, $y_i$ 也很有可能超过样本平均值,因此样本协方差应该为正。反之,如果变量 $x$ 和变量 $y$ 呈现反向变动的趋势,我们计算所得的协方差应该为负。从数值来看,协方差的数值越大,两个变量变化的同向程度越大,反之亦然。

表 3.1　买卖合同纠纷中的提请金额和法院支持金额

| 案件号 | 提请金额( $x$ ) | 法院支持金额( $y$ ) |
|---|---|---|
| (2016)苏 0105 民初 4921 号 | 56136 元 | 24795 元 |
| (2017)川 0107 民初 5985 号 | 456720 元 | 37245 元 |
| (2014)岳民初字第 03946 号 | 5100000 元 | 2796934.87 元 |
| (2017)湘 0104 民初 3151 号 | 796682.65 元 | 796682.65 元 |
| (2017)湘 0104 民初 3323 号 | 2040000 元 | 1544070 元 |

　　虽然协方差可以衡量两个变量同向或是反向变化的程度,但协方差的大小还取决于变量 $x$ 和 $y$ 在波动范围内的取值大小。在前文的例子中,原告的提请金额和法院支持金额的单位都用元表示。根据五个案件的金额,可以计算得出两者之间的协方差为 $4.36 \times 10^{15}$。但是,如果我们将金额的计量单位从元转为万元,协方差就会变为 $3.36 \times 10^4$。由于协方差在很大程度上受到量纲(单位)影响,因此我们无法通过协方差直接比较两组相关关系的强度大小。为了比较不同相关关系的强度,我们还需要将协方差"标准化",去除变量原始分布范围和单位的影响,才能得到相关性强弱的统一度量——相关系数。相关系数的具体计算公式见扩展阅读。

> **扩展阅读:相关系数的计算**
>
> 　　相关系数 $r$ 可以用如下公式计算得到:
>
> $$r = \frac{cov(x,y)}{\sigma_x \sigma_y}$$
>
> 　　其中, $cov(x,y)$ 是协方差, $\sigma_x$ 和 $\sigma_y$ 可以分别通过如下公式进行计算:
>
> $$\sigma_x = \sqrt{\frac{1}{n-1}\left[(x_1-\bar{x})^2+(x_2-\bar{x})^2+\cdots+(x_n-\bar{x})^2\right]} = \sqrt{\frac{1}{n-1}\sum_{i=1}^{n}(x_i-\bar{x})^2}$$
>
> $$\sigma_y = \sqrt{\frac{1}{n-1}\left[(y_1-\bar{y})^2+(y_2-\bar{y})^2+\cdots+(y_n-\bar{y})^2\right]} = \sqrt{\frac{1}{n-1}\sum_{i=1}^{n}(y_i-\bar{y})^2}$$

　　根据计算,以上 5 个合同纠纷中的提请金额和法院支持金额的相关系数为 0.64。在解读相关系数时,需要注意它的几个特点。第一,相关系数(r)为正,代表两个变量之间呈正相关;相关系数为负,代表两个变量之间呈负相关。第二,相关系数的取值范围在-1 到 1 之间,相关系数为 0 代表变量 X 和变量 Y 没有线性相关关系。如果相关系数的绝对值为 1,我们称变量 X 和变量 Y 完全相关。另外,当相关系数的绝对值在 0 和 1 之间时,X 的变动与 Y 的变动部分相关,且绝对值越接近于 1,X 与 Y 的相关性就越大。第三,相关系数没有单位,因此并不会受变量 X 和变量 Y 单位的影响。也就是说,不管我们用元、千元、还是万元来衡量收入,人均收入水平与某一特定变量之间的相关系数都不会发生变化。此外,正是因为相关系数不受变量单位和变量波动范围的影响,我们得以横向比较不同变量之间相关关系的强弱。例如,如果各地区人均 GDP 和买卖合同纠纷涉案金额之间的相关系数为 0.7,各地区人口密度和买卖合同纠纷涉案金额之间的相关系数为 0.2,那么可以说,人均 GDP 和买卖合同纠纷涉案金额之间的正相关性更强。

　　需要强调的是,相关系数只能反应两个变量之间线性相关的程度,而无法描述两个变量间的非线性相关程度——不论这种非线性关系有多强。举例而言,假如计算显示,各地区人均收入和犯罪率之间的相关系数为0.1,我们只能说这两者之间的线性相关程度很低,而不能断言他们之间的联系很弱,因为人均收入水平和犯罪率之间也可能呈曲线或其他非线性相关。换言之,即使两个变量间的相关系数为0,我们也无法断定这两个变量没有线性以外的关系。图 3.5 展示了这种可能性,即两个变量之间的相关系数几乎为0,但是两者之间却存在明显的非线性关系。

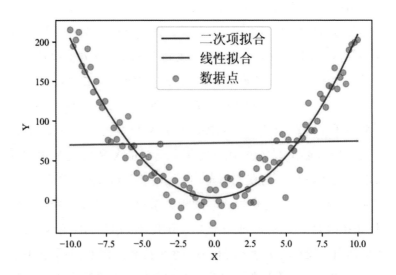

图 3.5　相关系数无法度量非线性关系的强弱

挖掘事物之间的相关性可以帮助我们更好地发现问题和解决问题,甚至实现预测,但我们需要强调,相关关系无法直接指向因果关系。一般来说,当我们只想分析两个变量之间是否存在协同变化关系,而不需要区分是变量 X 导致变量 Y,还是变量 Y 导致变量 X,或是 X 和 Y 的变化都由另一个变量 Z 导致时,便可以采用相关性分析。比如,我们通过分析发现居民的受教育程度与收入水平之间存在明显的相关关系,但仅从这样的相关关系中我们并不能断言是受教育程度决定了收入水平,还是收入水平决定了受教育程度。不过,仅就预测任务而言,简单的相关关系足以作为提高预测准确度的有效线索。至于如何确证变量之间的因果关系,将是本书第二部分的重点,我们将在第八章至第十章中详细介绍。

3. 回归模型基本概念

在探索变量间相关关系的工具中,回归分析(regression analysis)是一种基础的算法(模型)。回归分析的基本思想方法来源于英国统计学家弗朗西斯·高尔顿(Francis Galton)——查尔斯·罗伯特·达尔文(Charles Robert Darwin)的表弟。在研究父母与子女身高关系时,高尔顿和他的学生卡尔·皮尔逊(现代统计学的奠基者之一,前文所述的皮尔逊相关系数正是以他命名)观测了 1078 对夫妇,以每对夫妇的平均身高作为自变量 $x$,取他们第一个成年儿子的身高作为因变量 $y$,在直角坐标系上绘出散点图,发现这些点的分布近乎一条直线。通过计算,他们得出的拟合方程为:

$$y = 33.73 + 0.516x \qquad\qquad \text{式 3.2}$$

这一线性方程显示，平均而言，父母的身高 ($x$) 每增加一个单位，成年儿子的身高 ($y$) 相应增加 0.516 个单位。这一结果也说明，虽然高个子父辈更有可能生出高个儿子，但平均而言，父辈身高每增加一个单位，儿子的身高仅增加半个单位左右。反之，矮个子父辈的确更有可能生出矮个儿子，但父辈身高每减少一个单位，儿子的身高仅减少半个单位左右。通俗地说，一群特别高大的父辈（例如，篮球运动员）的儿子们，在他们的同龄人中个子仅仅略高；而一群特别矮小的父辈的儿子们在同龄人中也只是略为矮小。由于这种子代身高回归到同龄人平均身高的趋势，人类的身高分布不会向高矮两个极端发展，而是在一定时间内维持相对稳定。高尔顿用"回归"（regression）这一概念来描述这一关系。

尽管"回归"名称的由来有其特定含义——在此后关于相关性问题的大量研究中，变量 $x$ 和 $y$ 之间并不总是具有这种意义上的"回归"到平均数的关系——但人们仍然沿用"回归"一词指代这一类线性量化方法。

具体而言，回归模型是处理因变量 $y$（我们想要预测的变量，比如法官的量刑、合同案件的赔偿金额）和自变量 $x$（用以预测 $y$ 的变量，比如罪名、犯罪情节、合同种类、可预见性、法官个人特征）之间关系的一种统计方法。通俗来讲，如果一个因变量和一个或多个自变量之间存在一定的线性规律，我们一般可以根据已有数据建立一个回归模型；在未来，如果我们知道了自变量的值，便可以借助模型预测因变量的值。回归模型的建立和分析有几个重要的环节，图 3.6 概括了回归模型的建模过程。

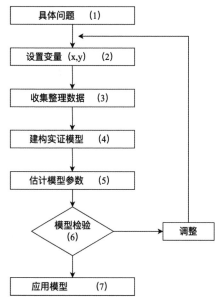

图 3.6　回归分析的建模流程

　　一般来说,回归模型可以解决两大类问题,即狭义的回归问题 ( regression ) 和分类问题 ( classification )。其中,回归问题指的是对一个连续变量的预测,例如预测子代身高,预测房价、商品销售额、犯罪率、刑期、裁定赔偿金额等。线性回归 ( linear regression ) 是解决此类问题的常用方法。分类问题则是对类别的预测。这里的结果变量为离散值,例如个体是否患病、个人信用的评级等级、犯罪嫌疑人是否定罪、原告是否胜诉等。逻辑回归 ( logistic regression ) 是解决分类问题的一种常用模型。接下来,将依次介绍线性回归模型和逻辑回归模型,包括如何根据已有的数据特征选取模型,以及如何使用数据估计模型参数。

## 二、线性回归模型

线性回归模型是描述变量之间关系的基础回归模型。线性模型近似于线性方程，简洁易懂，被广泛应用于各个领域的数据分析和预测中。理解线性模型也为我们学习许多更为复杂的机器学习模型打下基础。这里我们介绍线性回归的建模思想，并讨论如何利用普通最小二乘法确定模型参数（系数）。

1. 一元线性回归模型

一元线性模型可以表示为：

$$y = \beta_0 + \beta_1 x + \mu \qquad \text{式 3.3}$$

其中 $x$ 是自变量，$y$ 是因变量。如果将模型函数绘制至平面上，并建立直角坐标，该模型则是一条直线，参数 $\beta_1$ 表示该直线的斜率，$\beta_0$ 则是截距项（该直线与 $y$ 轴相交的位置）。$\mu$ 被称作误差项（error term），包含着其他对 $y$ 产生影响的随机因素，以及某些非随机但不可观测的因素。

$\mu$ 的存在意味着 $x$ 不能绝对准确地解释 $y$。举例来说，假设要研究池塘中的水量与注水量的关系：$x$ 代表池塘管理者从外部向池塘注入的水量，$y$ 代表注水后池塘中的水量。如果在初始状态下池塘内没有水，即 $\beta_0 = 0$，那么可以得到一个简单的一元线性模型，即 $y = x$。这意味着，管理者每往池塘中加入一升水，池塘里的水就多一升，即 $\beta_1 = 1$。但在现实生活中，还有很多不受池塘管理者控制的随机因素，如降雨、降雪、蒸发等，这些因素也会影响池塘中的水量。所以，因变量的真实值应该表示为：$y = x + \mu$，$\mu$ 代表的是降雨等随机干扰因素。图 3.7 描绘了管理者注水量和池塘水量之间的关系,其中红色的直线即为 $y = x$ ,而由于误差项的存在,散点并不完全落在该直线上。

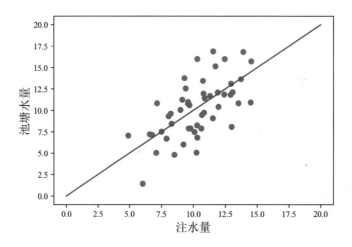

图 3.7　注水量和池塘水量之间的关系

可以给误差项一个正式的数学表达:对于一个观测值 $x_i$ ,其误差值 $\mu_i$ 为自变量的真实值 $y_i$ 与模型预测值 $\widehat{y_i}$ (其值即为 $\beta_0 + \beta_1 x_i$)之间的差异,即 $\mu_i = \widehat{y_i} - y_i$ 。图 3.8 展示了误差值 $\mu_i$ 和真实值 $y_i$ 与模型预测值 $\widehat{y_i}$ 之间的关系。误差项的存在意味着模型预测的结果和真实结果之间存在差异。但由于误差项是随机的(random),在样本足够多的数据里,因变量 y 的真实值会均匀地分布在线性模型的两侧,而不是集中在直线的某一侧。因此,即使无法准确量化误差项对因变量 y 的每一个数据点的影响,回归模型依然可以有效地基于自变量对因变量进行预测。回到图 3.7,不难发现,由于误差项的影响,尽管因变量的实际值不完全等于回归函数生成的值(数据点并没有全部落在红线上),但数据点比较均匀地分布在

线性回归方程 $y = x$ 的上下两侧。如果取出 $x = 10$ 的所有数据点对其纵坐标值取平均,我们会发现这个平均数将非常接近 10。这表明,线性回归方程 $y = x$ 对于预测 y 值是有效的。理解这一点对于学习下文中回归模型的参数估计十分重要。

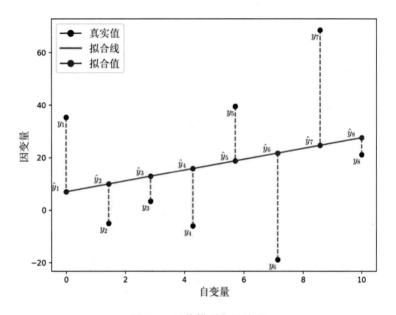

**图 3.8　总体模型和误差项**

**2. 一元线性回归模型的参数估计**

若如图 3.7 所示,已知红色直线的函数(即已知 $x$ 和 $y$ 的关系),那么,自然可以根据自变量 $x$ 的值预测因变量 $y$ 的值。问题是,红色直线对应的线性模型的截距和斜率,即参数 $\beta_0$ 和 $\beta_1$,是如何确定下来的? 现实中,我们并不事先知道 $x$ 和 $y$ 的关系,只能通过已有的样本去估计这些参数。需要注意,由此估计出的参数并不是绝对准确的,因此一般用 $\hat{\beta}_0$ 和 $\hat{\beta}_1$ 来表示参数 $\beta_0$ 和 $\beta_1$ 的估计

值。相应地,由参数估计值计算得到的预测结果可以表示为下式:

$$\hat{y} = \hat{\beta_0} + \hat{\beta_1} x \qquad\qquad 式 3.4$$

其中 $\hat{y}$ 表示基于线性模型预测得到的目标值。正如我们就图 3.8 所讨论的那样,由于误差项的存在,预测值 $\hat{y}$ 不一定等于 $y$ 的真实值。因此,式 3.4 也可被理解为是一个样本模型,即对真实但未知的总体模型的估计。

---

**扩展阅读:总体与样本**

总体是指研究对象的全体数据,包括所有可能的观测值(实例)。由于数据量过大、获取成本过高或其他实际原因,通常无法完全观测到总体。在实际研究和应用中,通常关心总体的某些性质,如均值、方差等。例如,要研究一国的人均年收入,该国所有成年人的年收入数据就构成了一个总体。样本是从总体中抽取的一部分数据,用于研究和分析。通过对样本数据的分析,可以推断总体的特征和性质。研究人均年收入时,可以随机抽取 1000 名成年人的年收入数据作为一个样本,通过分析这个样本,可以估计总体的年收入分布、均值等。同理,要分析变量之间的关系、进行数据建模,一般也只能在样本上进行。比如,要分析受教育程度和人均年收入的相关关系、建立二者间的回归模型,一般只能在抽样的样本上进行。样本的规模和质量对研究结果的准确性和可靠性至关重要。正如烹饪,好的刀工和火候固然重要,但食材本身的质量也是制作佳肴的关键。

---

我们以图 3.9 为例,对参数 $\hat{\beta_0}$ 和 $\hat{\beta_1}$ 的计算过程进行介绍。观察图 3.9 中的散点,$x$ 和 $y$ 之间呈现一定的线性关系,但是,仅凭直觉,很难确定具体的线性模型。实际上,存在无数条直线可以拟合

这组数据。图3.9展示的三条任意直线，都可以用于模拟 $x$ 与 $y$ 之间的线性关系。

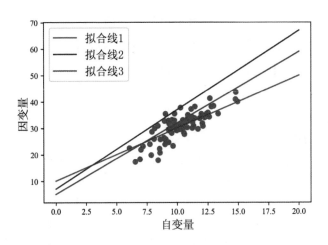

图 3.9　三种可能的线性模型

　　这里的问题是，需要找到一条直线，最好地模拟 $x$ 与 $y$ 的线性关系。为此，需要引入损失（loss）的概念。损失可以看作是对糟糕预测的惩罚。预测任务，我们的目标是让预测值尽可能地接近真实值，损失即一个模型的预测值和真实值之间的差距。或者说，损失是一个数值，表示一个模型对于单个样本而言的预测（不）准确程度。回到图 3.8，损失可以理解为图中真实值 $y_i$ 与预测值 $\widehat{y_i}$ 之间的距离——由于它们对应的自变量值都是 $x_i$，在一元线性回归模型中，损失可以简洁地表示为 $y_i - \widehat{y_i}$，也就是该数据点到其在拟合线上投影点的距离——这个值被称为残差（residual）。如果模型的预测值等于样本数据的真实值，则残差为 0；相反，预测越不准确，真实值与预测值差距越大，则残差的数值越大。

　　当然，模型的性能不能只看单个样本，而是要针对数据集里所有样本,找到一个使总损失或者平均损失较小的拟合方案——这也就是普通最小二乘法(Ordinary Least Square,简称OLS)背后的思想。普通最小二乘法是估计线性回归模型参数的最常用算法之一,它的具体思路是:寻找一组 $\widehat{\beta}_0$ 和 $\widehat{\beta}_1$,使得所有样本的残差平方和最小。所谓残差平方和,以图3.8为例,就是 $(y_1 - \widehat{y_1})^2 + (y_2 - \widehat{y_2})^2 + \cdots + (y_8 - \widehat{y_8})^2$。从几何角度理解,就是找到这样一条直线,使得所有预测值到样本真实值的距离平方和最小,这条直线就是针对该数据集的一元线性回归模型。

这里,我们将寻找最优参数估计值这一问题转化为了求函数最小值的数学问题。从图3.9直观地看,可以发现所有散点到拟合线2的距离之和远大于散点到拟合线1或拟合线3的距离,这意味着拟合线2的残差平方和最大,该线性方程对数据的拟合度最差。而拟合线1和拟合线3哪个拟合效果更好,则很难通过肉眼识别,需要进行数学计算。普通最小二乘法正是一个寻找最小残差平方和的过程。扩展阅读给出了计算所有样本点残差平方和的公式。

---

**扩展阅读:残差平方和的定义与计算**

残差平方和可以通过以下公式进行计算:

$$Q(\widehat{\beta}_0, \widehat{\beta}_1) = (y_1 - \widehat{y_1})^2 + (y_2 - \widehat{y_2})^2 + (y_3 - \widehat{y_3})^2 + \cdots$$
$$+ (y_n - \widehat{y_n})^2 = (y_1 - \widehat{\beta}_0 - \widehat{\beta}_1 x_1)^2 + (y_2 - \widehat{\beta}_0 - \widehat{\beta}_1 x_2)^2$$
$$+ (y_3 - \widehat{\beta}_0 - \widehat{\beta}_1 x_3)^2 + \cdots + (y_n - \widehat{\beta}_0 - \widehat{\beta}_1 x_n)^2$$

该函数是关于两个参数估计值 $\widehat{\beta}_0, \widehat{\beta}_1$ 的方程,通过求导等数学方法可以找到一组 $\widehat{\beta}_0, \widehat{\beta}_1$,使得该函数取得最小值。这组 $\widehat{\beta}_0, \widehat{\beta}_1$ 即为最佳参数估计值。

用残差的平方和而不是将所有残差简单相加，是因为希望消除残差正负的影响——我们并不关心模型的预测值比真实值大还是小，而只希望二者的差距尽可能小；此外，平方比绝对值在具体计算中更为简便。

当然，出于研究不同问题的需要，也完全可以开发另一个算法，用绝对值和而非平方和来计算模型的"损失"。

现在，我们已经能够使用样本数据找到最佳参数估计值，建立一元线性回归模型。接下来，我们将介绍如何解释一元线性模型的参数估计值。以美国波士顿市各街区房价和犯罪率的数据为例进行说明（表3.2）。我们的目标是利用该市每个街区的犯罪率（每百人犯罪数/人口数）预测街区房价中位数（千元/平米）——我们定义每一个街区房价中位数为结果变量 $y$，犯罪率为自变量 $x$。样本数据包括 506 个街区的相关信息。表 3.2 展示了其中 5 组数据。

表 3.2　波士顿市各街区的房价与犯罪率

| 样本序号 | 房价中位数（千美元/平米）<br>*HousingPrice* | 犯罪率（每百人犯罪数/人口数）<br>*CrimeRate* |
|:---:|:---:|:---:|
| 1 | 24.0 | 0.00632 |
| 2 | 21.6 | 0.02731 |
| 3 | 34.7 | 0.02729 |
| 4 | 33.4 | 0.03237 |
| 5 | 36.2 | 0.06905 |

假设根据 506 条样本数据，我们用普通最小二乘法确定了如下的一元线性回归模型：

$$HousingPrice = 24.03 - 0.41 CrimeRate \qquad 式3.5$$

其中 $HousingPrice$ 表示房屋价值的中位数, $CrimeRate$ 表示犯罪率。该线性回归模型表明:

(1)截距 $= 24.03$:当某街区人均犯罪率为 0 时,模型预测该街区房价的中位数为 24,030 美元。

(2)斜率 $= -0.41$:犯罪率每增加一个单位值,该街区房价的中位数降低 410 美元。

从这个例子可以看出,线性回归模型不仅可以揭示自变量与因变量之间相关性的正负,还能用具体数值去度量这个线性关系。因此,线性回归模型不仅能完成预测目标变量的任务,其模型本身还具有极佳的可解释性。这是线性回归模型被广泛应用的重要原因之一。实际上,线性回归模型是社会科学中最常使用的统计学模型,经济学、社会学、政治科学等学科的实证研究大多依赖于线性回归分析。

3. 多元线性回归模型

多元线性回归模型和一元线性回归模型非常相似,只是在一元线性回归模型的基础上加入了更多自变量。在绝大多数现实问题中,一个因变量往往受多个自变量影响。比如,个体的收入水平不仅与受教育程度相关,还受工作经验、年龄、性别等众多因素影响。因此,由多个自变量共同预测因变量,通常比只使用一个自变量更灵活有效,也更符合实际。多元线性回归模型的一般表达式为:

$$y = \beta_0 + \beta_1 x_1 + \beta_2 x_2 + \cdots + \beta_k x_k + u \qquad 式3.6$$

其中, $x_1, x_2 \cdots x_k$ 是 $k$ 个不同的自变量, $u$ 仍然代表误差项。在估计多元线性回归模型参数 $\beta_0, \beta_1, \beta_2 \cdots \beta_K$ 的过程中,普通

最小二乘法同样有效。以二元线性回归模型为例(即只有两个自变量),我们用 $\widehat{\beta_0}$, $\widehat{\beta_1}$, $\widehat{\beta_2}$ 来表示总体参数 $\beta_0$, $\beta_1$, $\beta_2$ 的估计值。相应地,预测的结果值可以表示为 $\widehat{y} = \widehat{\beta_0} + \widehat{\beta_1}x_1 + \widehat{\beta_2}x_2$。在一元线性回归模型中,两个参数估计值 $\widehat{\beta_0}$ 和 $\widehat{\beta_1}$ 共同确定二维平面里的一条直线;而在二元线性回归模型中,由于增加了一个维度,情况转变为由三个参数估计值 $\widehat{\beta_0}$, $\widehat{\beta_1}$ 和 $\widehat{\beta_2}$ 共同确定三维空间里的一个平面,如图 3.10 所示。在图 3.10 中,每个数据点到其在该平面投影点的距离即为它的残差。为了使二元线性模型(一个平面)的预测值尽可能接近真实值,我们希望找到这样一个平面,使得所有数据点到该平面投影点距离的平方和最小,也就是残差的平方和最小。这与我们在一元线性模型中介绍的普通最小二乘法是完全一致的。至于包含更多自变量的多元线性回归模型,无法用图像展示其残差的几何含义,但其背后的思路仍然是通过求最小残差平方和的方法找到最优参数估计值。

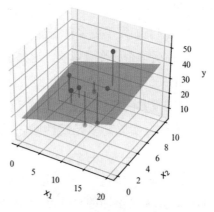

图 3.10    二元线性回归模型和残差

我们继续用波士顿市房价的例子来解读多元线性回归模型参数估计值的含义。除了犯罪率外,我们引入其他自两个变量——街区的流浪人口数量和街区到市中心的距离,见表3.3。表3.4展示了506个样本街区中的5组数据。

表3.3 波士顿市房价多元线性回归模型中的变量

| 变量符号 | 变量含义 |
|---|---|
| *HousingPrice* | 街区房价中位数(千美元/平米) |
| *CrimeRate* | 街区犯罪率(每百人犯罪数/人口数) |
| *Homeless* | 街区的流浪人口数量(百人) |
| *Distance* | 街区到市中心的距离(英里) |

表3.4 波士顿市各街区房价与相关自变量

| 样本(街区)序号 | *HousingPrice* | *CrimeRate* | *Homeless* | *Distance* |
|---|---|---|---|---|
| 1 | 24.0 | 0.00632 | 4.98 | 4.0900 |
| 2 | 21.6 | 0.02731 | 9.14 | 4.9671 |
| 3 | 34.7 | 0.02729 | 4.03 | 4.9671 |
| 4 | 33.4 | 0.03237 | 2.94 | 6.0622 |
| 5 | 36.2 | 0.06905 | 5.33 | 6.0622 |

基于506个样本,使用最小二乘法估计参数值,得到以下多元线性回归模型:

$$HousingPrice = 38.52 - 0.11CrimeRate$$
$$- 1.00Homeless - 0.77Disance$$

式3.7

该模型表明:

(1) $\hat{\beta}_0 = 38.52$:当 $CrimeRate, Homeless, Distance$ 都为 0 时,

即当某街区犯罪率为 0、流浪人口数为 0、正处市中心（与市中心距离为 0）时，模型预测该街区房价中位数为 38,520 美元每平米。

（2）$\widehat{\beta}_1 = -0.11$：保持其他自变量（*Homeless* 和 *Distance*）不变，犯罪率每增加一个单位，房价随之降低 110 美元。

（3）$\widehat{\beta}_2 = -1.00$：保持其他自变量（*CrimeRate* 和 *Distance*）不变，房屋所在街区的流浪人口数量每增加一个单位（100 人），房价随之降低 1000 美元。

（4）$\widehat{\beta}_3 = -0.77$：保持其他自变量（*CrimeRate* 和 *Homeless*）不变，房屋所在街区到市中心的距离每增加 1 英里，房价随之降低 770 美元。

在解释多元线性回归模型的参数时，需要强调"维持其他自变量的值不变"（即"在其他条件不变的情况下"）这一限定条件。否则，解释将是不准确的。

还需注意到，在此前的一元线性模型中，*CrimeRate* 的参数（即相关系数）为 -0.41，而在多元线性模型中，其系数变为 -0.11。同样是衡量犯罪率对房价的影响，为什么一元线性模型和多元线性模型得出的结果不一样呢？通过比较两个数值的绝对值，我们发现，当犯罪率作为唯一自变量时，其对房价的影响大于多元线性回归模型所估计的影响（0.41>0.11）。其原因在于，犯罪率与其他自变量存在相关性：以 *CrimeRate* 和 *Homeless* 为例，犯罪率和流浪人口数量都对房价有直接影响，同时，二者之间也存在较强的相关性。在一元线性回归模型中，我们没有单独考虑流浪人口数量对房价的影响——房价的下跌仅被归因于犯罪率这一个自变量——这也导致犯罪率"冒领"了流浪人口数量对房价的影响。

而在多元线性回归模型中,流浪人口数量对房价的影响被独立了出来,因而犯罪率的影响就相应变小了。这个例子说明,如果一个变量既影响因变量,又与模型中已有的自变量相关,那么应该将这个变量作为自变量考虑到模型之中——否则,对回归系数的估计便是不准确的,这种偏误即遗漏变量偏误(omitted-variable bias)。

现实生活中,人们永远难以穷尽因变量的影响因素。正是出于这个原因,回归模型往往只能验证变量之间的相关性,而不能直接检验变量之间的因果关系。当然,这并不影响使用回归模型对自变量进行预测。本书的第八章将对此展开更详细的讨论。

### 三、逻辑回归模型

#### 1. 分类问题与逻辑回归

前文介绍了如何用线性回归模型实现对连续变量的预测。接下来,我们讨论如何用逻辑回归模型对类别变量进行预测,即如何解决分类问题。分类问题包括二分类,比如根据消费记录判断是否应批准信用卡申请、根据案件信息预测刑事案件被告是否会被定罪、根据民众个人特征判断其是否支持死刑等;也包括多元分类,例如日常生活中的垃圾分类(可回收垃圾、有害垃圾、厨余垃圾,见图 3.11)、根据客户的收入和流水为信用等级分类(信用良好、信用一般、信用较差)、根据读入图片将其内容分类(猫、狗、兔)等。

**图 3.11 垃圾分类是多元分类问题**

分类的能力对于推理和逻辑思维至关重要。认知心理学家研究发现,0 至 1 岁以内的幼儿几乎没有分类能力;1 至 3 岁儿童的分类能力开始萌芽,但尚未形成"类"的概念;3 至 5 岁儿童主要按照形状、颜色等外在可感知的维度区分类别。例如,让幼儿园小班的小朋友将红色的塑料圆球、红色苹果和黄色香蕉进行分类,他们会将圆球和苹果分到一起。这说明他们按照视觉信息进行分类,还不会按照功用(可食用)将苹果和香蕉归为一类。[①]大一点的孩子能够根据抽象概念进行分类,譬如了解了"食物"的概念,则可以将外形、颜色不同的水果归为一类。通过长期学习和经验积累,人类在大脑中建立起了各种各样的分类规则("模型")。人类的分类能力,便是通过感官获取事物特征,然后根据经验、知识或直觉等"模型",判断该事物的类别。如图 3.12。

**图 3.12 人从经验中学习,机器从数据中学习**

① See Rachel Melkman, Barbara Tversky and Daphna Baratz, 1981, "Developmental Trends in the Use of Perceptual and Conceptual Attributes in Grouping, Clustering, and Retrieval", *Journal of Experimental Child Psychology* 31(3):470-486.

计算机进行分类的过程是相似的。逻辑回归等分类算法,本质是学习数据、找到模型参数("规律"),进而实现"输入事物特征(即自变量)、输出事物类别(即因变量)"的功能,如图 3.13 所示。当然,人类和计算机能够识别的信息是不同的。比如,计算机无法像医生那样对患者进行望闻问切,综合判断患者是否患病,而只能处理转换为数值后的特征(如性别、年龄、血压、血小板数等),建立模型,进而对新情况作出判断。

**图 3.13 逻辑回归解决分类问题的基本思想**

逻辑回归模型是建立在线性回归模型上的一种预测类别变量(处理分类问题)的方法。不同于线性回归模型(其输出是一个估计值),逻辑回归模型的输出是一个可能性(例如,客户信用卡违约的可能性是多少、法官判处被告有罪的可能性为多少),然后通过对比该可能性和一个给定的界限值来判断样本的分类。

我们以预测民众对死刑存废的态度为例进行说明。假设我们使用个体的收入($x$)这一变量来预测一名公众是否支持在刑法中保留死刑($y = 1$,支持;$y = 0$,不支持),图 3.14 左图将数据点绘制在了平面坐标上。作为对比,图 3.14 右图中,我们绘制了房屋面积与房屋总价关系的散点图。

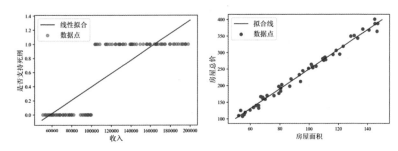

**图 3.14　从回归问题到分类问题**

不难发现,两图中,自变量和因变量之间都有很强的正相关关系,即 $x$ 取值越大,$y$ 的值也越大。但是,两者的差异也是明显的:右图中,$x$ 和 $y$ 均为连续变量,且存在明显的线性关系,可以用前文介绍的线性回归模型进行拟合;而在左图中,$x$ 是连续变量,$y$ 是类别变量,并只有两个结果,要么支持死刑(1),要么不支持(0)。

将线性回归直接应用到分类问题中,会出现两个主要问题。第一,一元线性回归函数由 $\beta_0$ 和 $\beta_1$ 两个参数确定,而这两个参数的估计值是以减少损失(残差的平方和)为目标确定的,由此,最佳的回归拟合线大致应该如图 3.14 中的左图所示。在这种情况下,线性回归模型拟合(预测)的因变量取值范围是连续的,这忽略了此处因变量只能取值为 0 或 1 的特点,也即,直线很难较好地贴合这些数据点的位置。第二,线性模型预测的因变量取值不存在上下限,因而会给出取值超出 1 或低于 0 的预测——而这些预测值在分类的场景中,很难得到解释。为了解决这些问题,我们不能直接用线性回归模型对数据进行拟合,而需要使用其他图形(函数形式)。逻辑回归模型能够较好地解决以上这些问题。

2. 逻辑回归模型的原理

在分类问题中,$y$ 值不再是连续的,而是发生了从 0 到 1 的跃迁。我们希望找到一个量,可以反映并替代类别变量 $y$ ,同时又是连续的,以方便建模。

"概率"这一概念,可以满足这一要求。令 $P(y=1)$ 表示个体支持死刑的概率,用其替代 $y$ 作为线性回归模型的因变量。这时,线性模型就可以表示为:

$$P(y=1)=\beta_0+\beta_1 x \qquad \text{式 3.8}$$

可以看到,式 3.8 所代表的分析框架能够很好地刻画自变量和因变量之间的相关性,同时,由于概率的取值是连续的,这一特征确保了我们能够继续沿用线性模型的线性部分进行拟合——而线性模型有着便于理解、可解释性强等显著优点。在修正后的线性回归模型中,作为因变量的不再是标签 $y$ 本身,而是 $y$ 属于某个类别的概率。

不过,事件发生的概率 $P$ 只能在 0 到 1 之间( $0 \leq P \leq 1$ ),而一般的线性回归方程(即 $\beta_0+\beta_1 x$ )并不具有这种限制,拟合的预测值可能出现大于 1 或小于 0 的情况。如图 3.14 中的左图所示,当 $x$ 的值靠近 0 时, $\beta_0+\beta_1 x$ 为负;当 $x$ 值较大时, $\beta_0+\beta_1 x$ 又大于1。显然,一个负的或者大于 1 的概率,不具有数学上的意义。因此,需要继续对式 3.8 作变换,试图将因变量的取值范围限制在 0 到 1 之间。

在这里,变换的思路是找到一个形状大致如图 3.15 的函数:当 $x$ 值很小时,函数预测的值趋近于 0 但不会小于 0;当 $x$ 值很大时,函数预测的值趋近于 1 但不会大于 1。逻辑函数(logistic function)就是这样一种能够很好拟合二分类样本的 S 型函数,也是逻辑回归模型的基础。

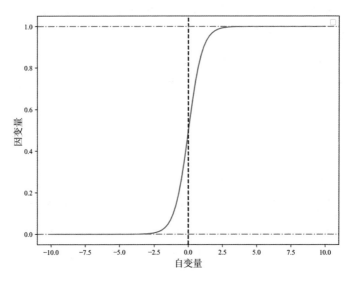

**图 3. 15　S 型函数**

逻辑函数可以表示为:

$$g(z) = \frac{1}{1 + e^{-z}} \qquad 式 3.9$$

由于以 $e$ 为底的指数函数取值区间为 0 至无穷大, 相应地, $g(z)$ 的取值范围为 0 至 1。也就是说, $g(z)$ 可以很好地代表概率的取值。在式 3.9 中, 把 $z$ 视为中间变量。抓住 $z$ 这个中间变量, 令 $z = \beta_0 + \beta_1 x$ , 代入式 3.9。进而, 将线性回归和逻辑函数整合起来, 形成逻辑回归函数:

$$P(y = 1) = g(z) = \frac{1}{1 + e^{-(\beta_0 + \beta_1 x)}} \qquad 式 3.10$$

在式 3.10 中, 因变量 $P(y = 1)$ 就是逻辑回归模型得到的计算结果, 它表示一个自变量 $x$ 取某一个值时( 如 $x_1 = 10$ ), 相应的

$y = 1$ 的概率 $P$。用逻辑函数拟合分类变量和自变量数据,能避免上面提到的回归计算结果小于 0 或超过 1 的问题,达到较好的拟合效果。图 3.16 展示了个体每周上网时间和对死刑态度之间的关系。不难发现个体上网时间越长,越倾向于支持死刑,而逻辑回归模型能够较好地拟合这种关系。

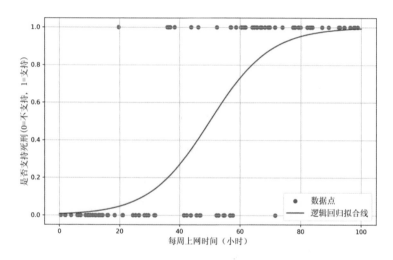

**图 3.16　上网时间与死刑态度之间的关系**

使用以上函数,可以进而通过一定的算法找到能贴切地拟合数据的参数 $\beta_0$ 和 $\beta_1$——找到参数后,模型也即成功建立了。随之,遇到新的输入特征(自变量),便可以预测其相应的输出。

3. 逻辑回归模型的参数估计

逻辑回归与线性回归确定最佳参数估计值的基本思路是相似的,即通过"损失最小化"来求解最优的 $\hat{\beta}_0$ 和 $\hat{\beta}_1$。但是,在经过逻辑函数的数学转化之后,线性回归中普通最小二乘法对损失的定义——残差的平方和,不再是凸函数(图 3.17 上图),而是更为复杂的多项式(图3.17下图)。在这种情况下,普通最小二乘法难以直接用于求解逻辑回归模型的参数。

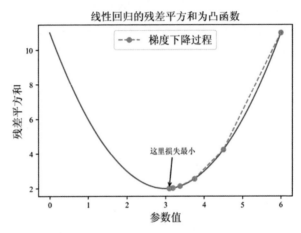

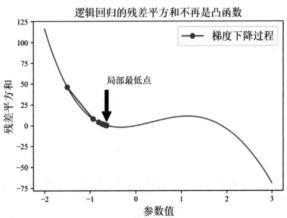

图 3.17　线性回归和逻辑回归的残差平方和函数

逻辑回归模型利用模型输出结果为概率这一特点,对损失的计算采取另一种思路。仍以预测死刑态度为例,逻辑函数预测出来的概率 $P = P(y = 1)$ ,代表个体支持死刑的概率。为了使预测的结果尽可能和实际分类一致,对于数据集中支持死刑的样本,我们希望模型输出的 $P$ 越大越好;对于不支持的样本,模型输出的 $P$ 越小越好——换句话说,也就是该个体不支持死刑的概率 $(1-P)$ 越大越好。逻辑回归模型希望通过最大化一组概率的乘积来找到最佳参数估计值,这个乘积是:**模型输出的每个样本属于它真实类别的概率的积**,这种方法叫作最大似然法(maximum likelihood method)——通俗来说,就是利用已知的样本结果信息,反推最具有可能(最大概率)导致这些样本结果出现的模型参数值。该方法的数学表达式较复杂,在此仅举一个简单的例子来说明最大似然法是如何对参数进行估计的。

假设在死刑态度预测中,有三个样本,分别为:

(1)个体 1:教育程度高、年龄中等、男性,支持刑法中保留死刑;

(2)个体 2:教育程度低、年龄较大、女性,反对刑法中保留死刑;

(3)个体 3:教育程度中等、年龄较小、男性,支持刑法中保留死刑。

最大似然法的第一步是随机初始化参数。与教育程度、年龄和性别三个特征相对应,逻辑回归模型中有三个参数(以及一个截距项,也为参数),假设每个参数的起始值都为 0.5。即,$\beta_0 = \beta_1 = \beta_2 = \beta_3 = 0.5$。有了初始参数值后,就可以计算模型的预测结果。以个体 1 为例,假设当前参数下模型预测他支持死刑的概率为 0.6。同时,根据因变量数据,他实际上是支持死刑的。因此,我们希望通过调整参数,提高模型预测这一个体支持死刑的概率。例如,我们可以稍微调高教育程度的参数($\beta_1$),看看这对模型预测结果的影响。假设当把教育程度的参数调整为 0.7 时,模型预测样本 1 支持死刑的概率提高到0.8,这就比原来的预测结果更接近实际结果。因此,我们会保留这次参数调整。

最大似然法的本质即不断调整参数,直到找到一组参数值,使得模型预测的结果与实际结果尽可能接近。在这个例子中,就是找到一组参数,使得模型预测个体 1 **支持**死刑的概率、个体 2 **反对**死刑的概率以及个体 3 **支持**死刑的概率的**乘积**最大。为了找到这样一组最优参数,可能需要成百上千次地反复计算,其工作量可想而知。幸运的是,计算机最为擅长计算,无论是用最小二乘法还是最大似然法,机器都能快速得到回归模型的最佳参数。

4. 模型解读和预测

与线性回归一样,可以把一元逻辑回归模型扩展到多元,使其包含更多的自变量:

$$P(y = 1) = \frac{1}{1 + e^{-(\beta_0 + \beta_1 x_1 + \beta_2 x_2 + \cdots + \beta_K x_K)}} \qquad \textbf{式 3.11}$$

最大似然法同样可以应用于求解该模型中的最佳参数估计值。

这里仍用是否支持刑法中保留死刑这个二分类问题介绍如何解读逻辑回归模型的参数(系数)估计值。表 3.5 展示了因变量和三个自变量的表达式、含义和数据集中的五组样本数据。

表 3.5　死刑态度预测数据集

| id | DeathPenalty ($y$) | Gender ($x_1$) | HighEducation ($x_2$) | Internet ($x_3$) |
|---|---|---|---|---|
| 人员编号 | 是否支持死刑（是=1,否=0） | 性别（男=1,女=0） | 是否接受过高等教育①（是=1,否=0） | 每周上网时间（单位:10 小时） |
| 1 | 0 | 0 | 0 | 8.6 |
| 2 | 0 | 1 | 1 | 9.1 |
| 3 | 1 | 1 | 0 | 4.4 |
| 4 | 1 | 0 | 1 | 0.4 |
| 5 | 0 | 1 | 0 | 1.6 |

　　假设我们通过最大似然法计算得到了参数并确立了以下逻辑回归模型:

$$P(DeathPenalty = 1) = \frac{1}{1 + e^{-(0.61 + 0.06Gender + 0.48HighEducation + 0.07Internet)}}$$

式 3.12

　　这里把个体支持刑法中保留死刑的概率作为因变量,简称概率。上一节已经介绍,线性回归模型中某个自变量的参数代表的是:保持其他变量不变,该自变量增加一个单位值伴随的 y 的变化量。值得注意的是,逻辑回归模型经过了线性方程到逻辑函数的转化,因此,模型参数本身不能再解读为自变量一个单位的变化量伴随的事件发生概率的变化。例如,在该模型中,保持另外两个自变量( Gender 和 HighEducation )不变,每周上网时间每增加 1 个

———————

① 高等教育指大学本科及以上。

单位(此处为 10 小时)，个体支持死刑的概率并不是增加 0.07
（*Internet* 的系数），而是 $\dfrac{1}{1+e^{-0.07}}$。在非必要的情况下，人们通常
不会解读自变量对概率影响的数值大小，因为这种计算相对麻烦。
相反，只需要简单判断它们之间的方向和相对强弱即可。

　　尽管逻辑回归模型中的系数值不直接代表自变量对概率的
影响，但系数的符号仍然能够很好地反映自变量和因变量之间
关系的方向。系数为正，意味着自变量取值上升时，概率也上
升；系数为负，意味着当自变量取值上升时，概率降低。例如在
式 3.12 中，*Gender* 的回归系数为正，说明男性(1)支持死刑的
概率比女性(0)的大；*HighEducation* 的系数为正，说明接受过高
等教育的群体(1)支持死刑的概率大于未接受过高等教育的群
体(0)；*Internet* 的系数为正，说明上网时间越长的人，支持死刑
的可能性越大。注意，这里陈述的都只是相关关系，并不涉及对
因果关系的判断。

　　此外，回归系数的绝对值越大，说明该自变量对概率的影响就
越大。据此，我们可以快速比较不同的自变量与因变量的相关性强
弱。比如，*HighEducation* 的系数 0.48 远大于 *Gender* 的系数 0.06，
这意味着，在与个体死刑态度相关的因素中，受教育程度比性别的
相关性强度更大。

　　最后，一旦逻辑回归模型的最佳参数估计值被确定以后，计算任
意个体属于某个类别的概率就非常简单了。我们只需要将个体特征变
量的值输入模型，便能计算出该个体支持死刑的概率。例如，若某个体
是一个受过高等教育的女性，且她平均每周上网时间为 100 小时，模型

将预测该女性支持死刑的概率为 $\dfrac{1}{1+e^{-(0.61+0.06\times0+0.48\times1+0.07\times10)}}=0.86$。

当然,逻辑模型输出的只是一个概率,而不是最终需要的对该样本的分类。为了确定样本的类别,还需要界定一个概率阈值,起到"分流"的作用。通常,二元分类问题的默认概率阈值为 0.5,即,对于一个样本个体,若 $y=1$ 的概率大于等于 0.5,则该样本被分到 $y=1$ 的类别;若 $y=1$ 的概率小于 0.5,则该样本被分到 $y=0$ 的类别。在这个例子中,由于该个体"支持死刑"($y=1$)的概率为 0.86,大于概率阈值 0.5,于是我们预测她的类型为支持死刑。这个分析和预测的过程,形象地说明了逻辑回归模型为何也被称为概率分类器(probability classifier)的原因。

不过,概率阈值并不是必须设置为 0.5。第四章将说明"假阳性"和"假阴性"两种分类错误可能产生不对称的后果,而调整概率阈值能够帮助避免后果更为严重的分类错误。例如,在垃圾邮件识别的场景中,我们的目标是对收到的邮件进行二分类:是垃圾邮件($y=1$)或不是垃圾邮件($y=0$)。在预测邮件的类别时,分类器可能会犯两种错误:一是邮件本身是正常邮件,但模型识别它为垃圾邮件(假阳性,False Positive),于是将其屏蔽;二是邮件是垃圾邮件,但模型误以为它是正常邮件(假阴性 False Negative),于是照常接收。对比这两种情况,可以发现,第一种错误造成的后果恐怕远为严重。试想,如果邮件是心仪企业发来的录用通知,或是当事人发送的重要证据文件,而分类器将其错误地归为垃圾邮件进而屏蔽(假阳性),将对用户造成重大的损失。反之,如果分类器错误地将一份垃圾邮件放在了收件箱里(假阴性),则对用户造成的困扰并不会太大。因此,在这个场景下,我们希望尽量减少假阳性的错误,而包容假阴性的错误。调整概率阈值可以帮助实现这个目标。例如,假设原本 $P(y=1)$ 大于或等于 0.5 的邮件就被归为了垃圾邮件,我们可以将概率阈值调高为 0.8——只有算法预测概率大于 0.8 的邮件才会被归为垃圾邮件。通俗地讲,分类器在预测某邮件是垃圾邮件时变得更保守和谨慎了,减少了假阳性的错误。

综上所述,可以把逻辑回归模型的原理大体理解为:将能够输出任意实数的线性回归模型( $\beta_0 + \beta_1 x$ ),通过数学上的转换,转变为只能输出 0 至 1 区间内结果的非线性模型,以更好地拟合分类问题中的数据集。图 3.18 对逻辑回归模型进行了概括。

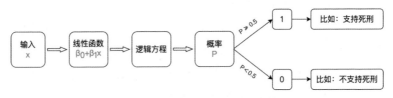

**图 3.18　逻辑回归模型示意图**

**5. 逻辑回归模型的决策边界**

这里以逻辑回归模型为例,介绍机器学习中的一个重要概念:决策边界。决策边界是指模型用以分类的边界线或面。无论是本章关注的逻辑回归模型,还是上一章介绍的决策树模型,或是后文将要介绍的神经网络模型,只要涉及类别变量的分类和预测,都可以从决策边界的角度对算法进行理解。我们沿用预测民众对死刑态度的例子进行介绍。这里只考虑两个特征:受教育年限和每周上网时间。受教育年限为连续变量,指个体接受了多少年的正规教育(包括小学、中学和高等教育)。我们的目标是基于这两个特征预测个体是否支持在刑法中保留死刑(1 代表支持,0 代表不支持)。图 3.19 的散点展示了支持死刑和反对死刑的个体样本分布。

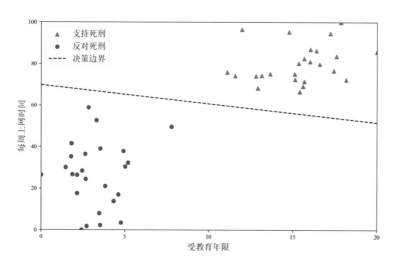

**图 3.19 逻辑回归模型的决策边界:以死刑态度预测为例**

图 3.19 呈现了明显的规律,即处于图像右上角的个体普遍倾向于支持死刑,而处于图像左下角的个体普遍倾向于反对死刑。于是,可以在图像中找到一条将空间一分为二的直线,并预测位于该直线右上方的个体将支持死刑、位于该直线左下方的个体将反对死刑。这样一条"分界线",就是逻辑回归模型对应的决策边界。显然,它与式 3.12 所反映的结论是一致的,即个体受教育年限越长、上网时间越长,越倾向于支持死刑。

如果细加思考,会发现图像中存在无数条分界线能够实现对死刑态度的分类(如图 3.20 所示),且对训练数据而言,这些决策边界都能正确预测每一位个体对死刑的态度。那么,究竟哪一条是最为理想的决策边界？一个直观的观察是,决策边界 A 优于决策边界 B。决策边界 B 距离左下方的点过于接近,距离右上方的点则过于遥远。它在这一数据集中能够实现完美分界,但在未知的数据集上却更可能犯错误。比如,如果新数据中有一名反对死刑的个体(图中用星号表示),其受教育年限为 2,每周上网时间为 70 小时,那么,决策边界 B 将错误地预测该个体支持死刑(因其处于决策边界 B 的右上侧)。反观决策边界 A,这时它的预测将是正确的。换言之,由于决策边界 B 过于靠近数据中反对死刑的个体,就非常容易将新的数据预测为支持死刑;而决策边界 A 则因其位置"不偏不倚",应对新数据时更不容易出错。事实上,前文所讨论的利用最大似然法优化逻辑回归模型参数的过程,就可以理解为决策边界不断从 B 向 A 移动和调整的过程:优化模型参数,就是在优化决策边界。

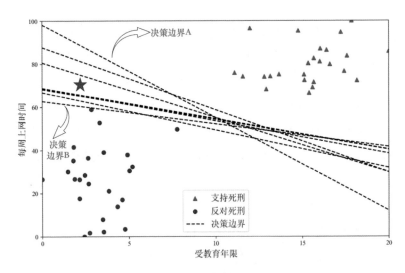

图 3.20    决策边界优化

此处,逻辑回归模型拟合的最优决策边界直线可以表达为:

每周上网时间 = − 2.9 × 受教育年限 + 87.6;或

每周上网时间 + 2.9 × 受教育年限 − 87.6 = 0

当某点在其上方时,也即满足:

每周上网时间 + 2.9 × 受教育年限 − 87.6 ≥ 0 时

模型将预测其为正例(1),即支持死刑。

当某点在其下方时,也即:

每周上网时间 + 2.9 × 受教育年限 − 87.6 < 0 时

模型将预测其为反例(0),即不支持死刑。例如,我们可以将图中星号对应的个体坐标代入,可以发现:70 + 2.9 × 2 − 87.6 < 0,因此决策边界将预测该个体反对死刑。

值得注意的是:当" 每周上网时间 + 2.9 × 受教育年限 − 87.6 = 0 "时,上述逻辑回归模型预测的概率为 50%,这也就是我们的阈值概率。这是因为:

$$P = \frac{1}{1 + e^{-(每周上网时间 + 2.9 × 受教育年限 − 87.6)}} = \frac{1}{1 + e^{-0}} = 0.5$$

或者说,决策边界和阈值概率是相互联系的:概率阈值是决策边界在逻辑函数上的映射。

## 四、应用实例:预测我国盗窃案件判决结果

线性回归和逻辑回归模型在法律研究中有着广泛的应用,此处举一个较为直观的例子——预测盗窃案件中的刑期(连续变量)和缓刑(类别变量)。本书作者从中国裁判文书网收集了 2014 至 2020 年全国 330286 个盗窃案件的裁判文书,并使用一系列自

然语言处理方法抽取了案件的关键要素。在这里,我们关注的因变量包括刑期(月)和是否被判处缓刑(1=缓刑,0=不缓刑)。为了方便说明,这里的自变量仅包括盗窃金额(千元)、是否为入室盗窃(1=入室,0=非入室)、盗窃对象是否为孤寡老人(1=是,0=否)、是否累犯(1=累犯,0=非累犯)、是否自首(1=自首,0=非自首)、是否主动返还财物(1=是,0=否)。

　　基于以上数据,我们首先构建(拟合、估计)了一个以刑期为因变量、以上述六因素为自变量的线性回归模型。表3.6报告了回归分析的结果——这是一种自然科学和社会科学中都很常见的报告回归分析结果的形式。表3.6的第一列表示自变量的名称;第二列是回归系数(参数),表示自变量与因变量的相关关系;第三列为回归标准误,衡量回归系数估计的准确性,通常以括号的方式呈现于表中;最后一列是p值,表示自变量与因变量的相关关系是否在统计意义上显著。

表 3.6　刑期时长的线性回归分析结果

| | 回归系数 | 回归标准误 | P 值 |
|---|---|---|---|
| 盗窃金额 | 0.268 | (0.001) | 0.000 *** |
| 入室盗窃 | 3.160 | (0.050) | 0.000 *** |
| 盗窃对象为孤寡老人 | 2.170 | (1.212) | 0.073 * |
| 累犯 | 0.092 | (0.058) | 0.115 |
| 自首 | −1.204 | (0.057) | 0.000 *** |
| 返还财物 | −0.663 | (0.123) | 0.000 *** |
| 常数项 | 7.000 | (0.021) | 0.000 *** |

注:该回归模型的 $R^2 = 0.28$,年份固定效应和省份固定效应均已控制。*** 、** 、* 分别表示 p 值<0.01、0.05 和 0.1。

**扩展阅读:统计显著性**

　　**统计显著**。统计显著是一个统计学概念,用于衡量观察到的数据结果与随机偶然因素之间的关系。当我们在研究两组数据之间的差异或者某种关系时,统计显著性能帮助我们判断这些差异或关系是否是真实存在的,还是仅仅是由于随机因素导致产生的。

　　简单来说,如果一个结果具有统计显著性,那么我们可以认为这个结果不太可能是偶然发生的,而更可能是真实存在的。通常我们会用一个阈值(比如 5%)来判断统计显著性,如果 p 值小于这个阈值,我们就认为这个结果是统计显著的。

　　**p 值**。p 值是一个概率值,表示在一个特定的假设(通常是零假设,即两组数据之间没有显著差异或者某种关系不存在)成立的情况下,观察到的数据发生的概率。

　　p 值通常用于假设检验,帮助我们判断观察到的数据是否支持我们的假设。例如,如果 p 值很小(通常小于 0.05),这意味着在零假设成立的情况下,观察到的数据发生的概率非常低。这时我们可以认为这些数据与零假设之间存在显著差异,因此我们可以拒绝零假设,并接受备择假设(即存在显著差异或者某种关系)。

　　简而言之,p 值表示观察到的数据在特定假设成立情况下的发生概率。一个较小的 p 值意味着观察到的数据与假设存在显著差异。

　　表 3.6 显示,如果将 p 值=0.05 作为统计显著的阈值,盗窃金额和入室盗窃这两个因素与刑期有着显著的正向相关,即盗窃金额越多、案件具有入室盗窃情节,那么刑期就越长。回归系数进一步表明,盗窃金额每增加 1 千元,刑期平均增加 0.268 个月;如果

具有入室盗窃情节,刑期平均增加 3.16 个月。盗窃对象是否为孤寡老人和犯罪嫌疑人是否为累犯这两个特征对刑期没有统计显著的影响。自首和返还财物则与刑期有着显著的负相关。犯罪嫌疑人自首,刑期平均减少 1.2 个月;返还财物,刑期平均减少 0.663 个月。

上述的回归结果也可以用线性回归方程表示为:

$$刑期 = 0.268 \times 盗窃金额 + 3.160 \times 入室盗窃 + 2.170$$
$$\times 盗窃对象为孤寡老人 + 0.092 \times 累犯 - 1.204$$
$$\times 自首 - 0.663 \times 财物返还 + 7.000$$

式 3.13

利用这一模型,我们可以对新案件的量刑情况作出预测。假设我们有一个新的盗窃案件:犯罪嫌疑人为累犯,属入室盗窃,盗窃金额为 5 万元,对象并非孤寡老人;事后犯罪嫌疑人自首,但并未主动返还财物。根据上述信息和式 3.13,我们可以预测:

判决刑期时长 $= 0.268 \times 50 + 3.160 \times 1 + 2.170 \times 0 + 0.092 \times 1 - 1.204 \times 1 - 0.663 \times 0 + 7.000 = 22.448$(月)。

同样,我们也可以通过逻辑回归模型对缓刑与否进行预测。和线性回归模型类似,我们根据已有数据构建(拟合、估计)一个逻辑回归模型,结果报告于表 3.7。结果显示,盗窃金额越高、具有入室盗窃情节、嫌疑人为累犯的案件,法官作出缓刑决定的概率显著更低;而自首、主动返还财物的案件,法官作出缓刑判决的概率显著更高。

表 3.7　是否缓刑的逻辑回归分析结果

| | 回归系数 | 回归标准误 | P 值 |
|---|---|---|---|
| 盗窃金额 | -0.003 | (0.000) | 0.00 *** |
| 入室盗窃 | -0.728 | (0.019) | 0.00 *** |
| 盗窃对象为孤寡老人 | -0.155 | (0.444) | 0.73 |
| 累犯 | -1.209 | (0.027) | 0.00 *** |
| 自首 | 0.992 | (0.014) | 0.00 *** |
| 财物返还 | 0.312 | (0.034) | 0.00 *** |
| 常数项 | -0.003 | (0.000) | 0.00 *** |

注:该回归模型的 $R^2=0.07$,年份固定效应和省份固定效应均已控制。
***、**、* 分别表示 p 值<0.01、0.05 和 0.1。

为了完成预测,同样需要将表 3.7 的回归结果表示为逻辑方程。

$$P(是否缓刑=1)=\frac{1}{1+e^{-\left(\begin{array}{l}-0.003\times盗窃金额-0.728\times入室盗窃-\\0.155\times盗窃对象为孤寡老人-1.209\times累犯+\\0.992\times自首+0.312\times财物返还-0.003\end{array}\right)}} \qquad 式3.14$$

现在,我们预测法官是否会作出缓刑决定(同上,犯罪嫌疑人为累犯,属入室盗窃,盗窃金额为 5 万元,对象并非孤寡老人;事后犯罪嫌疑人自首,但并未主动返还财物)。根据案件信息和式 3.14,可以预测缓刑的概率为

$$P(缓刑=1)=\frac{1}{1+e^{-(-0.003\times50-0.728\times1-0.155\times0-1.209\times1+0.992\times1+0.312\times0-0.003)}}$$
$$=0.250$$

即,犯罪嫌疑人被判处缓刑的概率约为 0.250。如果将分类的阈值取为 0.5,那么,我们预测此案的犯罪嫌疑人将不会被判处

缓刑。

　　应当注意，在预测模型的实际训练中，需要把原始数据集分为训练集和测试集，仅在训练集中训练模型，并在测试集中测试模型的性能。以上为了便于说明，我们并未完全展示这一标准流程。另外，在自然科学和社会科学的研究中，人们也大量使用回归模型用以分析变量间的相关关系。在相关性分析中，不需要将数据集分组，而是可以在整个数据集上开展分析。

# 第四章　模型评价准则

前两章对树模型和回归模型进行了介绍。实践中,我们总是可以使用不同的模型来解决同一个问题,比如,预测类别时,既可以使用树模型,也可以使用逻辑回归模型。这引出了一个非常现实的问题:什么是好的模型? 或者说,如何评价模型的优劣? 本章对这一问题进行探讨。

---

**扩展阅读:模型评价的哲学思辨**

　　统计学家乔治·博克斯(George E. P. Box)曾说:"所有模型都是错的,但有些模型是有用的。" ——非常准确、深刻。所有模型都是有误差的,没有100%准确的模型。模型构建的目的在于寻找现实中的规律,并以抽象化的方式呈现这些规律。模型是对现实事物的数学表达,而这些表达或多或少都经过简化,因此都在一定程度上"错了"。真正应该注意的是,哪个模型"错"得更少。

　　模型所描述的是一种确定性的关系,而真实世界往往带有一定的随机性。对此,科学和哲学中有着严肃的讨论:世界是确定的还是随机的? 著名的思想实验"薛定谔的猫"描述了一种完全随机的状态。简单来说,根据量子力学理论,处于黑箱中的猫处于生和死的"叠加态":有50%的可能是活的,有50%的可能是死的。只有当箱子被打开的一瞬间,才会坍缩到一个

---

确定的状态——生或死。在量子世界里,确定性被不确定性(概率)完全取代了,所有事物都处于一种不确定的状态之中。我们之所以觉得这种理论难以理解,是因为平时看到的宏观世界不是叠加态,而是叠加态坍塌之后相对稳定的状态。与之相对的,爱因斯坦曾说过"上帝不跟宇宙玩掷骰子",即世界具有很强的确定性,否定了量子力学理论的基本思想——"亚原子世界中所有东西都是真正随机的"。

我们不妨认为世界是确定性和随机性的结合,模型能够概括和描述事物之间较为确定的联系,而剩余的随机性可以被视作模型捕捉不到的误差。既然误差是普遍存在的,关键问题就是应该如何衡量误差的大小,并以此判断一个模型预测的好坏。

# 一、类别变量预测模型的评价

## 1. 准确率和错误率

根据机器学习目的和方法的不同,模型评价的角度和指标是多样的。我们关注类别变量预测模型的评价,并介绍两个最基本的指标:准确率(Accuracy)和错误率(Error rate)。在完成模型的训练后,我们需要在测试集上对模型进行测试,即根据输入的变量来对结果进行分类(预测);同时,由于测试集本身的结果变量是已知的,这使得我们可以对比真实的结果变量和模型预测的分类,进而判断每一个预测是否是准确的。准确率是指分类正确的样本个数占测试样本总样本数的比例;错误率是指在测试样本中被错误分类的样本比例。准确率与错误率相加为1。这是因为,对于任意一个测试样本来说,它要么被正确地分类了,要么被错误地分类了,不存在第三种可能。准确率和错误率可以分别用以下两个公式进行计算:

$$准确率 = \frac{被正确分类的样本个数}{总样本数} \qquad 式4.1$$

$$错误率 = 1 - 准确率 = \frac{被错误分类的样本个数}{总样本数} \qquad 式4.2$$

随之而来的问题是,准确率要与什么基准进行比较? 换句话说,多高的准确率算高呢?

可以考虑两种最常见的分类方法(在机器学习中,也称为"分类器",classifier)作为思考模型评价标准的起点:一种是随机分类,另一种是"随大流"分类。随机分类,即对于一个分类问题,随机猜测答案——最常见的例子是,抛硬币决定预测为正或为负。理论上,随机分类的预测性能是所有分类方法的下限,因为它不包含任何有助于预测的信息。也就是说,随机分类方法(分类器)是个糟糕的学习者,它没有从训练数据中学到任何规律。正因为如此,可以将随机分类方法作为评价模型好坏的基准之一。如果构建的分类模型,其预测并不比随机猜测准确太多,那么,可以说该模型不具有任何有效预测的能力。

"随大流"分类法(分类器)中的"大流"指的是在训练数据中占多数的类别。比如,假设有一个关于刑事案件被告的训练数据集,分类的标签(结果变量)为"不被定罪"(0)和"被定罪"(1)。在1000个样本中,被定罪的有997个,不被定罪的只有3个,那么被定罪这个类别就是"大流"。在进行预测时,"随大流"分类法会把所有新样本预测为"大流"对应的类别。也就是说，用它预测任何一个新的刑事案件，预测结果都将是被告被定罪。这种分类器背后的逻辑十分简单，就是用更可能出现的类别来预测新样本的类别。可以看出，与随机分类相比，"随大流"分类包含了一些有助于预测的信息，即在训练数据集中占多数的类别是什么。因此，一般将"随大流"分类器作为分类模型评价的另一基准：一个好的模型的预测能力，应当高于简单的"随大流"分类器。

在上述刑事案件定罪的例子中，"随大流"分类器的预测准确率是很高的。由于被告平均只有0.3%的可能性不被定罪（0），"随大流"分类器将永远把新样本预测为被定罪（1），而这样一来，它的准确率就能达到约99.7%。问题在于，准确率高就一定意味着预测能力强吗？答案是否定的。在这个例子中，虽然"随大流"分类器的准确率很高，但是它实际的预测价值不高。这是因为，它无法预测出任何可能不被定罪（0）的情况。实际上，在样本类别极度不平衡的情况下（比如，997 vs 3），"随大流"分类器只包含"多数类是什么"的信息，这对于预测出往往更值得关注的"少数类"没有借鉴意义。由此可见，模型的预测准确率不能说明一切。接下来，我们将通过具体的例子进一步探讨：除了准确率之外，还应关心预测结果的哪些方面。这就涉及更为复杂的模型评价指标。

2. 混淆矩阵

在分类问题中，人们总下意识地基于准确率或是错误率来判断模型的好坏。实际上，这样的度量方式忽略了错误的多样性。举例而言，假设开发了一套癌症自动检测系统，想评估其性能好坏。跟人一样，系统多多少少会出现误差：它既有可能把实际没有患癌的病人误诊为癌症病人,也有可能将实际得了癌症的病人误诊为健康人。显然,这两种错误判断的代价是完全不同的。病人得了癌症却没有被检测出来,便可能错失最佳的治疗时期,这比被误诊为癌症恐怕要严重得多——我们希望极力减少这种情况的发生。这一例子说明,进行模型评估,不能只盯着准确率,还需要衡量不同错误分类带来的不同后果。

在对机器学习的分类结果进行评估时,通常使用混淆矩阵(confusion matrix)来更好地理解分类中出现的各类错误。

表4.1将二种分类的结果分别标记为正例和反例。需要说明的是,这里标记的正例和反例只是为了区别二分类产生的两种结果,我们可以根据实际问题的需要来赋予他们具体含义。比如,当希望预测法官的取保候审决策时,就可以将准许取保候审标记为正例(1),将不允许取保候审标记为反例(0)。尽管正例和反例的定义比较灵活,但在预测任务中,需要事先定义好正例和反例分别对应的分类结果,以便于后续对预测结果进行正确的分析和解读。

表 4.1　混淆矩阵

| 预测结果/实际情况 | 正例(1) | 反例(0) |
| --- | --- | --- |
| 正例(1) | 真阳性(TP) | 假阳性(FP) |
| 反例(0) | 假阴性(FN) | 真阴性(TN) |

在测试集中,法官实际作出的取保候审决策同样可以分为正例(1)和反例(0)。把预测结果与实际结果两两对照后,最终的分类情况不外乎以下四种:实际为1且被正确预测为1;实际为1但被错误预测为0;实际为0且被正确预测为0;实际为0但被错

误预测为1。混淆矩阵把这四种情况以 2×2 矩阵的形式呈现了出来。在表 4.1 的混淆矩阵中,两行分代表预测结果为正例和反例,两列则分别代表实际情况为正例和反例。

以癌症检测为例:随机抽取 1000 人,为他们提供检测;当然,所有的检测都伴有误差,也即可能出现检测错误。把患有癌症标注为"正例/阳性（positive）",把不患癌症称为"反例/阴性（negative）",那么,表 4.2 中的行代表着检测结果呈阳性和阴性,列则代表真实的情况:实际患者和非患者。矩阵的左上角被称为真阳性（True Positive,简称 TP）,即患者的检测结果为阳性;右下角被称为真阴性（True Negative,简称 TN）,表示非患者的检测结果为阴性。这两种情况都是检测正确的情况,因为检测判断的分类与实际分类相符。

表 4.2　疾病检测的混淆矩阵

| 预测结果/实际情况 | 实际患者（1） | 非患者（0） |
| --- | --- | --- |
| 检测呈阳性（1） | 真阳性（TP） | 假阳性（FP） |
| 检测呈阴性（0） | 假阴性（FN） | 真阴性（TN） |

检测错误的情况则出现于混淆矩阵的右上角和左下角,两者分别被称为假阳性（False Positive,简称 FP）和假阴性（False Negative,简称 FN）。前者意味着非患者的检测结果为阳性,后者则表示患者的检测结果为阴性。

实际上,可以把所有"检测",都看成一种"预测";也可以把所有"预测",都理解为某种"检测"。以上提到的四个概念（真阳性、真阴性、假阳性、假阴性）,对讨论机器学习的预测能力,至关重要。

> **扩展阅读：混淆矩阵记忆方法**
>
> 　　针对矩阵中的四个概念,第一个词("真"或"假")代表预测情况与实际情况是否相符,第二个词("阳"或"阴")则代表预测结果。如真阴性(TN)就表示预测与实际相符,且预测的分类结果为阴性;假阳性(FP)则表示预测与实际不符,且预测值为阳性。
>
> 　　混淆矩阵的四个象限有明显的规律,左上角至右下角的对角线上是预测正确的情况(以 T 开头),另一条对角线上则是预测错误的情况(以 F 开头),上半部分的左右象限是预测为正例的类别(以 P 结尾),下半部分的左右象限是预测为反例的类别(以 N 结尾)。

　　至此,我们已经明确了混淆矩阵的概念。可以用混淆矩阵中的数值,计算模型的准确率和错误率,如下:

$$准确率 = \frac{被正确分类的样本个数}{总样本数}$$

$$= \frac{TP + TN}{TP + TN + FP + FN} \qquad 式4.3$$

$$错误率 = 1 - 准确率 = \frac{被错误分类的样本个数}{总样本数}$$

$$= \frac{FP + FN}{TP + TN + FP + FN} \qquad 式4.4$$

　　假设表 4.3 显示了检测结果。从表中可以看出,在 1000 人中,有 5(即 3+2=5)名患者,995(即 5+990=995)非患者。而在这 5 名患者中,只有 3 人被检测出阳性,剩余 2 人没有被检测出来。在 995 个非患者中,却有 5 人被错误地检测出了阳性,剩余 990 人检测结果正确,呈阴性。根据前文介绍的计算方法,可以得出该检测的：准确率 $= \dfrac{3 + 990}{1000} = 99.3\%$，错误率 $= \dfrac{5 + 2}{1000} = 0.7\%$

**表 4.3　疾病检测结果的混淆矩阵**

| 预测结果/实际情况 | 实际患者（1） | 非患者（0） |
|---|---|---|
| 检测呈阳性（1） | 3（TP） | 5（FP） |
| 检测呈阴性（0） | 2（FN） | 990（TN） |

　　前文中提到,假阳性（FP）和假阴性（FN）造成的后果的严重程度,取决于实际的应用场景。在癌症检测的例子中,未检出实际患者(假阴性,FN)的后果可能更为严重。而将非患者误诊为患者的错误(假阳性, FP),一般只需要再进行一次检测,便能消除。由此可以推断,癌症筛查和检测,要更为注重减少假阴性（FN）问题。

　　作为对比,考虑刑事案件定罪的例子。刑事案件的判决也可能出现两种不同的误判:法官有可能错误地将罪犯认定为无罪,也有可能错误地将无辜的嫌疑人定罪。法官的判断,即是否正确地给被告定罪,可以被看作一个二分类预测模型。我们把判决中可能出现的四种情况填入表 4.4 的混淆矩阵中。

**表 4.4　刑事案件判决结果的混淆矩阵**

| 预测结果/实际情况 | 有罪（1） | 无罪（0） |
|---|---|---|
| 定罪（1） | 真阳性（TP） | 假阳性（FP） |
| 不定罪（0） | 假阴性（FN） | 真阴性（TN） |

　　从矩阵中可以看出,假阴性（FN）是指被告有罪,但法官错误地认为被告无罪,将其释放。假阳性（FP）表示被告并未犯罪,但法官错误地认为其有罪,对其施以刑罚。虽然两种情况都是错案,

但令好人蒙冤的判决让人更难以接受。这也是为什么刑事司法讲求"宁纵勿枉",切防冤案"污染了水源"。因此,和癌症检测例子不同,刑事司法的过程,需致力于降低假阳性(FP)出现的可能。

3. 精确率和召回率

以上两个例子都说明,准确率不是判断模型好坏的唯一指标。在实际问题中,需要考虑模型预测的错误类型,及其相关的社会成本。这里,需要引入与假阳性(FP)和假阴性(FN)密切相关的两个模型评价指标:精确率和召回率。

精确率(Precision)是指真阳性样本占所有预测为正例的比例。召回率(Recall)则是指真阳性样本占所有实际为正例的比例。以刑事判决为例,如果用精确率对模型进行评估,那么其回答的问题是:在被判决为有罪的嫌疑人中,到底有多少人确实有罪(精确度是多少)。如用召回率进行评估,那么其回答的问题就是:在确实有犯罪事实的嫌疑人中,有多少人被判决有罪("召回"了多少)。式 4.5 和式 4.6 展示了精确率和召回率的具体计算方法。

$$\text{精确率} = \frac{\text{真阳性样本数}}{\text{预测为正的样本数}} = \frac{TP}{TP + FP} \qquad \text{式 4.5}$$

$$\text{召回率} = \frac{\text{真阳性样本数}}{\text{实际为正样本数}} = \frac{TP}{TP + FN} \qquad \text{式 4.6}$$

结合混淆矩阵,不难发现,精确率更关注反例样本被错分为正例样本(FP)的情况。一个模型预测的精确率越高,代表假阳性出现的概率越小,反例样本越不可能被错误地预测为正样本。对应到刑事案件定罪的例子中,高精确率意味着无辜的人被定罪的可能性很低,法院几乎从不冤枉好人。与之对应,召回率更关注将正例样本预测为反例样本(FN)的情况。召回率越高,代表假阴性出现的概率越小,正例样本越不可能被分类为负样本。在刑事案件定罪的例子中,高召回率意味着有罪的嫌疑人被判无罪的概率很小,法院几乎不放过任何一个可能有罪的人。

值得注意的是,如图 4.1,精确率和召回率之间存在此消彼长的关系。通常精确率高时,召回率较低;而召回率高时,精确率较低。原因很简单,高精确率代表着预测为正的样本中实际为正的比例高,而要做到这一点,通常只需要选择有把握的样本。但是,如果将没把握的样本都判定为反例,假阴性的个数便会增多,召回率就会降低。类似地,召回率要高,就需要尽可能多地识别出实际为正例的样本——最简单的方法就是将所有样本都判定为正例。但在这种情况下,假阳性的个数增多,预测的精确率就会降低。结合例子来看,如果法院致力于不冤枉好人,那么很难保证其不放走一些坏人;如果"宁可错杀一千,不可放过一个",那么就很可能会冤枉好人。

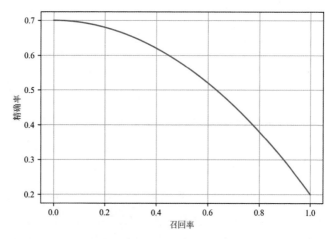

图 4.1　精确率和召回率之间的此消彼长关系

在实践中,需要具体问题具体分析,在这两个指标之间有所侧重。当假阴性(FN)的代价很高,需要尽量加以避免时,则应该着重考虑提高召回率(Recall)。上述癌症检测就是一个经典的例子。与此相反,当假阳性(FP)的代价很高时,应该着重考虑提高精确率(Precision)。这正是"宁纵勿枉"原则的数学表达。

## 二、连续变量预测模型的评价

与类别变量不同,连续变量可以在一个特定范围内取无数个不同的值,因此,难以通过构建混淆矩阵或是计算准确率等指标来评价连续变量预测模型的优劣。显然,我们需要采用不同的评价指标。

评价连续变量预测模型,核心思想是考察模型得到的预测值与真实观测值有多接近(或者说,差距有多大)。这意味着,即便预测值与真实值之间存在一定差距,只要这个差距足够小,仍然可以认为预测是成功的。例如,在预测房价或者股价时,预测的价格与实际价格之间很可能会有差异——判断模型优劣的关键在于差异的大小。

从统计学角度看,有许多指标可以对"差异大小"进行度量,如:均方误差(Mean Squared Error,简称 MSE)、均方根误差(Root Mean Squared Error,简称 RMSE)、平均绝对误差(Mean Absolute Error,简称 MAE)、决定系数(Coefficient of Determination,也称 R 方、$R^2$)等。

我们以决定系数为例对此进行介绍。决定系数是使用较为广泛的一个模型评价指标。决定系数的取值在 0 和 1 之间,数值越大,表示预测值与真实观测值之间差异越小,模型表现越好。决定系数为1表示模型完美地预测了所有的观测值,决定系数为0则表示模型未能预测任何观测值。

决定系数可以通过如下公式进行计算:

$$决定系数 = 1 - \frac{残差平方和}{总方差} \qquad \text{式 4.7}$$

举例而言,为预测借贷案件中某法院的判决,我们构建了一个模型A,该模型基于案件的一些特征(包括借贷金额、利率水平、类案判决等)来预测法院最终支持的金额。表4.5是模型对三个特定案件的预测结果以及他们的真实结果。

表 4.5　模型 A 对三个借贷案件法院支持金额的预测

|  | 模型预测的法院支持金额（元） | 法院实际支持金额（元） |
|---|---|---|
| 案件 1 | 95000 | 98000 |
| 案件 2 | 180000 | 185000 |
| 案件 3 | 4800 | 4950 |

要计算模型A的决定系数,需要分别计算总方差和残差方差。首先,需要计算三个法院实际支持金额(98000, 185000, 4950)的方差。这三个数值的平均值为96,983,于是有:

$$总方差 = (98000 - 96983)^2 + (185000 - 96983)^2$$
$$+ (4950 - 96983)^2 = 1432820183$$

其次,残差平方和,是指每一个案件的真实观测值和对应的预测值之间差异的平方和。在模型A中,计算残差平方和有:

$$残差平方和 = (95000 - 98000)^2 + (180000 - 185000)^2$$
$$+ (4800 - 4950)^2 = 34425000$$

最后，据此，可以进一步计算得出决定系数：

$$决定系数 = 1 - \frac{残差平方和}{总方差} = 1 - \frac{3442500}{1432820183} = 0.976$$

模型 A 的决定系数高达 0.976，这表明该模型在预测法院支持金额时具有非常高的准确性。虽然在每起案件中，预测金额与实际支持金额之间存在一些差距，但整体来看，模型的预测非常准确。

作为对比，笔者假设另有一个模型 B，它对三个案件的预测结果如表 4.6 所示。

表 4.6　模型 B 对三个借贷案件法院支持金额的预测

| 编号 | 模型预测的法院支持金额（元） | 法院实际支持金额（元） |
| --- | --- | --- |
| 案件 1 | 92000 | 98000 |
| 案件 2 | 170000 | 185000 |
| 案件 3 | 3000 | 4950 |

计算结果显示，模型 B 的决定系数为 0.811。这意味着，相比模型 A，模型 B 的预测性能较差。

实践中，除了决定系数，还有很多其他方法对连续变量预测模型的准确程度进行评价。此处不再详细介绍。

### 三、两种公正标准的悖论：关于 COMPAS 的争议

至此，本章介绍了类别变量预测模型和连续变量预测模型的评价标准。通常来说，人们当然希望预测结果越准确越好。但是，"越准确越好"并不像表面看起来那么简单直接，有时甚至意味着

两难的权衡和选择。

在本章最后，我们以美国刑事司法中广泛使用的 COMPAS（Correctional Offender Management Profiling for Alternative Sanctions）系统为例，讨论模型评价准则背后的难题。COMPAS 是一款软件，它使用机器学习算法来评估刑事案件中被告出狱后重新犯罪的可能性。它的主要用途是帮助法官在量刑时考察被告的再犯风险，并调整量刑。比如，如果认为一名罪犯重新犯罪的风险高，那么法官应该加重量刑，以起到更好地遏制犯罪的效果。

COMPAS 的原理并不复杂，它收集了大量罪犯的个人信息和犯罪历史信息（作为自变量），结合这些罪犯刑满释放后的犯罪记录（作为因变量），训练了一套机器学习模型。在面对新的刑事案件被告时，模型根据其个人信息（年龄、受教育程度等）和犯罪历史信息（初次被捕年龄、暴力犯罪史等），评估（预测）其重新犯罪的可能性。具体而言，COMPAS 又将再犯风险分为了从低到高十个等级。

近年来，COMPAS 受到不少批评，也遭遇了质疑其合宪性的诉讼。与模型评价标准相关的是，有研究者指出，COMPAS 的算法中有着很强的歧视因素：COMPAS 的风险评估可能会出现错误——这并不奇怪，所有模型都会有错误的预测，重要的是 COMPAS 犯错的类型：它更可能错误地将黑人被告标记为高风险，错误概率为白人的两倍。不过，COMPAS 的开发者却说算法并不存在歧视——模型评估的每一个风险等级中，黑人和白人再犯的可能性都是一致的。

质疑者和开发者，谁说了谎？

吊诡的是，实际上，双方说的都是实话。这就涉及算法的公正悖论。我们以下表为例进行说明。表 4.7 展示了 COMPAS 对黑人和白人的风险评估结果。为了简化说明,我们将 COMPAS 的风险等级评分合并成两类风险标记,一类为"低风险"(1-5 分),另一类为"高风险"(6-10 分)。

表 4.7　COMPAS 的算法歧视?

| 黑人组别 | | | |
|---|---|---|---|
| | 预测为低风险 | 预测为高风险 | 总计 |
| 实际未再犯 | 990 | 805 | 1795 |
| 实际再犯 | 532 | 1369 | 1901 |
| 总计 | 1522 | 2174 | 3696 |
| 白人组别 | | | |
| | 预测为低风险 | 预测为高风险 | 总计 |
| 实际未再犯 | 1139 | 349 | 1488 |
| 实际再犯 | 461 | 505 | 966 |
| 总计 | 1600 | 854 | 2454 |

注:表中的数值来自真实数据。

表 4.7 中,黑人和白人被告分别为 3696 人和 2454 人。实际未出现再犯情况和出现再犯情况的黑人,分别为 1795 人和 1901 人;实际未出现再犯情况和出现再犯情况的白人,分别为 1488 人和 966 人。同时,被 COMPAS 预测为低风险和高风险的黑人,分别为 1522 人和 2174 人,高风险占比为 59%(2174/3696);被预测为低风险和高风险的白人,分别为 1600 人和 854 人,高风险占比为 35%(854/2454)。注意,预测高风险的差异并不属于歧视,它可能完全符合两类人群真实的再犯风险。问题出在其

他地方。

我们对黑人组和白人组的预测准确率分别进行计算。回顾准确率的概念:准确率指被正确分类的样本数占总样本数的比例。在表 2.7 中,被(相对)正确分类的样本数是由"被 COMPAS 预测为高风险且实际再犯"的样本数和"预测为低风险且实际未再犯"的样本数加总而成。黑人组为 2359,白人组为 1644。分别除以总样本数(3696 和 2454),得出:COMPAS 算法对黑人再犯的预测准确率为 64%,对白人再犯的预测准确率为 67%——两者基本一致。另一种理解这一结论的思路是,被预测为高风险的黑人和白人,实际再犯率分别为 63%(1369/2174)及 60%(505/854),两者基本一致。这也是为什么 COMPAS 的开发者认为,算法本身并不存在歧视——算法对黑人和白人再犯风险的预测准确率一致;在算法评估的每一个风险等级中,黑人和白人再犯的可能性也都是一致的。

但是,如果换个角度看(从表格的横向而非纵向看),实际上未再犯的黑人,有 45%(805/1795)的可能性被错误地标记为高风险。而对于实际上未再犯的白人,这一概率仅为 23%(349/1488)。同时,实际再犯的白人,仅有 52%(505/966)可能性被标记为高风险,而对于实际再犯的黑人,这一概率为 72%(1369/1901)。这也是为什么,COMPAS 的质疑者说,未实际再犯的黑人,被 COMPAS 算法错误地评估为高再犯风险的可能性,是白人的两倍。

实际上,无论是 COMPAS 的开发者,还是其质疑者,都在陈述实情——只是两方使用了不同的公正标准而已。遗憾的是,只要黑人和白人的基本再犯概率不同,以上的公正悖论便一直存在,无法解决。换句话说,算法不可能同时满足以上两种公正标准。而这两种公正性,显然都十分重要:人们不希望算法以任何方式冤枉好人。我们使用这个例子来引起读者对算法评价标准的思考。公正悖论的理论和实践意义如何,是否能迁移至其他场景,需要读者在未来的实际应用中多加体会。

# 第五章　聚　类

　　法院受理了一批破产案件,有的较为简单,有的较为复杂,表现在:每个案件涉案金额不同,从几十万到几亿元不等;涉及的债权人人数也不同,从几人到几百人不等,如图 5.1 所示。法院破产庭的主管领导希望将这些案件按照涉案金额和债权人人数进行分类,为不同的案件配置不同的承办法官——让经验更为丰富的资深法官处理涉案金额大、债权人多的案件,经验较少的年轻法官处理涉案金额较小、债权人较少的案件,处于两者之间的骨干法官则处理中等金额和债权人人数的案件。庭长当然可以用手动的方法对案件作分配;但是,是否有一些智能方法,能够帮助自动完成这一任务?

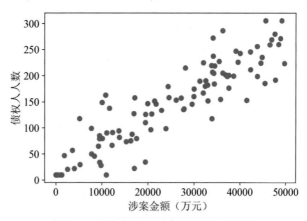

**图 5.1　破产案件涉案金额与债权人人数**

## 一、聚类算法概述

上述问题与第二章和第三章介绍的树模型和回归模型要解决的问题有所不同。在树模型和逻辑回归模型中,研究者要对类别进行预测,这时,其知道每一个观察值对应的类别,即知道结果变量的信息。而在上述问题中,研究者要对数据进行分组但并没有确定的结果变量。在这种情况下,需要让模型学习训练数据中的特征,进而挖掘数据中的结构。人们称这种学习过程为无监督学习,或者非监督学习——没有结果变量来监督、指导学习的过程。

聚类是一种典型的无监督学习方法。聚类的目的是将对象(观察值、样本)划分为若干个子集,称为簇(cluster)。这些簇内的对象较为相似,簇间的对象则较为不同。显然,这样的划分要基于数据点之间的相似性,而我们通常通过计算数据点之间的某种**距离**来度量相似性。

回到本章开头的例子,聚类为案件分类提供了思路。首先,不同类别的案件之间的差异应该尽可能拉开,进而确保经验各异的法官处理不同难度的案件。其次,同类别内的案件的情况要尽可能相似,使同一法官处理类似案件,提高效率。在数据处理上,可以把这个任务分解成两步:第一,给数据点分类,即按照涉案金额和债权人人数把数据集分成三类;第二,找到每个类别的"中心点"。"中心点"是各类案件中最有代表性的案件,有助于了解每个类别案件的大体特征。图 5.2 给出了这样的分类结果。

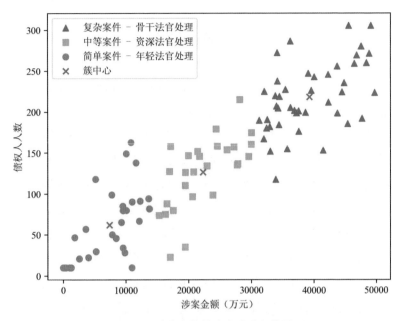

**图 5.2　破产案件的分类思路和结果**

　　案件分类是聚类算法应用的一个例子,与此类似的场景很多。比如,在商业上,聚类可以用于客户分类,以便更好地了解不同客户的特征,为产品设计、营销和客户服务提供有针对性的指导。在做社交网络分析时,可以使用算法对用户进行聚类,揭示网络中的社区结构和信息传播模式,为社交媒体运营和网络舆情观测提供支持。在接下来的小节中,我们先来介绍聚类算法中的核心概念——相似度,以及其度量方式。

## 二、相似性度量

相似度(similarity)是一个用于衡量两个数据对象之间相似程度的概念。如前所述,聚类算法的核心思想是将相似的数据点分到同一簇,而将不相似的数据点分到不同的簇。只有选择了合适的相似度度量方法,才能够准确刻画数据点之间的关系,进而得到好的聚类结果。

在数学上,有不少能够度量数据间相似度的方法,常见的包括欧氏距离、曼哈顿距离、余弦相似度等。我们对最常用的两类相似性度量方法——欧氏距离和余弦相似度,进行简要介绍。

### 1. 欧式距离

欧氏距离(Euclidean distance)是一种衡量两个数据点之间的距离的方法。在二维平面中,欧氏距离是两点之间的直线距离;在更高维的空间中,它也可以通过简单计算得到。可以用以下公式计算欧氏距离:

$$d = \sqrt{(a_1 - a_2)^2 + (b_1 - b_2)^2 + \cdots + (z_1 - z_2)^2} \qquad \textbf{式 5.1}$$

其中, $d$ 是欧氏距离, $a_1$、$b_1$...$z_1$ 和 $a_2$、$b_2$...$z_2$ 分别表示两个数据点在各个维度上的坐标值。图 5.3 展示了二维空间中的欧氏距离,它的计算思路就是人们熟悉的"勾股定理"。

欧氏距离在法律中有着不少应用。比如,犯罪学中常使用欧氏距离分析犯罪事件在地理空间上的相似性(即相近性),以刻画犯罪热点并进行犯罪预防。假设警方陆续接到三起盗窃案件报案,分别是发生在地理坐标(3, 4)处的案件 A,发生在地理坐标(8, 10)处的案件 B,以及发生在地理坐标(5, 6)处的案件 C,我们

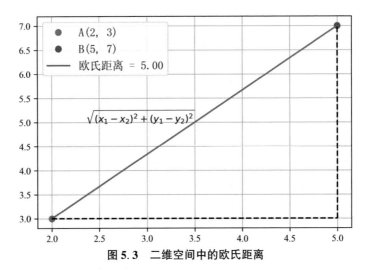

图 5.3　二维空间中的欧氏距离

可以使用欧氏距离来衡量这三起犯罪事件在地理空间上的相似性。首先计算案件 A、B、C 两两之间的欧氏距离：

$$d_{AB} = \sqrt{(3-8)^2 + (4-10)^2} = \sqrt{61} \approx 7.81$$

$$d_{AC} = \sqrt{(3-5)^2 + (4-6)^2} = \sqrt{8} \approx 2.83$$

$$d_{BC} = \sqrt{(8-5)^2 + (10-6)^2} = \sqrt{25} = 5$$

　　根据计算结果，事件 A 和事件 B 的欧氏距离约为 7.81，事件 A 和事件 C 的欧氏距离约为 2.83，事件 B 和事件 C 的欧氏距离为 5。这意味着事件 A 和事件 C 之间在地理空间上的关联度更大，因为他们之间的距离较小。而事件 B 和事件 C 以及事件 A 和事件 B 之间的关联度可能较低，因为他们之间的距离较大。计算欧氏距离有助于警察对案件关联性作出判断。

　　这个方法也可以用于刻画其他相似度上，而不局限于地理上的相近性。比如，一家超市有 1000 名会员客户，他们的信息如表

5.1所示。我们可以通过计算他们的欧氏距离,来理解哪些客户与哪些客户更为相似。

表 5.1　某超市会员的年龄和购物信息

| 客户代码 | 年龄 | 平均每周购物次数 | 每周购物金额 |
|---|---|---|---|
| 1 | 18 | 2 | 45 |
| 2 | 33 | 5 | 500 |
| 3 | 36 | 7 | 1200 |
| 4 | 70 | 12 | 600 |
| 5 | 55 | 5 | 450 |
| …… | | | |
| 1000 | 43 | 4 | 300 |

**扩展阅读:为什么直线距离是一个"好"的差异度量?**

如何判断一个人为定义出来的公式是不是符合实际情况呢?可以看这个公式会不会推导出违背常识的结论。如果把上面式子里计算差异性的方法抽象成数学公式,会得到如下的距离公式:

$$d = \sqrt{(x_1 - x_2)^2 + (y_1 - y_2)^2 + (z_1 - z_2)^2 + \cdots}$$

这个公式具有如下两个推论:第一,两个相同的点是没有差异的。第二,A 和 B 的差异等价于 B 和 A 的差异。这符合我们对"差异性"的认知。

当然,在这个度量中,有些本身偏大的数值会对距离的测度有着较大的影响。比如,上表中,购物金额的数值远大于购物次数的数值,因而会对距离的计算有较大影响。这时,需要对这些数值进行"标准化"处理,再使用欧式距离公式进行计算。

所谓标准化,是指将数据集中的数值特征(变量)转换为统一的度量标准,使得它们在相同的尺度上具有可比性。最常用的标准化方法之一是"最小-最大缩放(Min-Max Scaling)",这种方法将原始数据线性缩放到[0,1]的范围,具体可以表述为如下公式:

$$x_{standard} = (x - x_{min})/(x_{max} - x_{min})$$

其中 $x$ 表示要标准化的数值,$x_{min}$ 和 $x_{max}$ 分别表示这组数字的最小值和最大值,$x_{standard}$ 表示标准化后的数值。例如对于上述购物金额:45,500,1200,600,450,300,将其标准化后分别是 0,0.39,1.0,0.48,0.35,0.22。

### 2. 余弦相似度

余弦相似度是另一种常用的度量相似性的方法,它用两个向量(数据点)之间的夹角余弦值来刻画数据点间的相似性。余弦相似度关注的是两个数据点在方向上的相似性;而距离(如欧氏距离)关注的是向量之间的距离差异。在一些情况下,如文本分析中,我们更关心文档的主题相似性而非绝对的词频差异,此时使用余弦相似度来衡量相似性更为合适。余弦相似度 $\cos\theta$ 的计算公式为:

$$\cos\theta = \frac{A \cdot B}{|A||B|} \qquad 式5.2$$

其中,A 和 B 分别表示两个数据点(向量),A·B 表示向量 A 和向量 B 的点积(内积),$|A|$ 和 $|B|$ 分别表示向量 A 和向量 B 的长度。余弦相似度的取值范围为-1 到 1,当两个向量完全相同时,余弦相似度为 1;当两个向量完全不相同时,余弦相似度为 0;当两个向量的方向相反时,余弦相似度为-1。

我们用以下例子说明余弦相似度的计算。假设有三篇裁判文书,分别记为 A、B 和 C。为了简化问题,只关注三个关键词:"盗窃""金额""土地"。可以将这三篇文书表示为三维向量,其中每个维度对应一个关键词在文书中出现的次数。例如,文书 A 的向量表示为(3, 2, 0),意味着文书中"盗窃"出现了 3 次,"金额"出现了 2 次,"土地"出现了 0 次;文书 B 的向量表示为(6, 4, 0),意味着"盗窃"出现了 6 次,"金额"出现了 4 次,"土地"出现了 0 次;文书 C 的向量表示为(0, 1, 5),意味着"盗窃"出现了 0 次,"金额"出现了 1 次,"土地"出现了 5 次。计算这三篇文书两两之间的余弦相似度可得:

$$\cos\theta_{AB} = \frac{A \cdot B}{|A||B|} = \frac{26}{\sqrt{13}\sqrt{52}} = 1$$

$$\cos\theta_{AC} = \frac{A \cdot C}{|A||C|} = \frac{2}{\sqrt{13}\sqrt{26}} \approx 0.337$$

$$\cos\theta_{BC} = \frac{B \cdot C}{|B||C|} = \frac{4}{\sqrt{52}\sqrt{26}} \approx 0.454$$

在这个例子中,文书 A 和文书 B 的余弦相似度为 1,表示这两篇文书在关键词分布上几乎是一致的。相比之下,文书 A、文书 B 和文书 C 之间的余弦相似度非常低,分别为 0.337 和 0.454,表明文书 C 的主题和文书 A、B 的主题并不相近。这和人们的直观感受是一致的,从关键词看,A 和 B 很可能是关于盗窃案件的刑事文书,而 C 则更可能是与土地相关的案件,譬如土地承包经营权纠纷等。实际上,文本数据是一种高维稀疏数据,余弦相似度在处理这类数据时十分常用。

扩展阅读:向量的点积和长度

　　向量是数学中的一个重要概念,它表示空间中的一个有大小和方向的量。向量可以用箭头表示,箭头的长度代表向量的大小,箭头的方向代表向量的方向。点积是向量运算中的一种,它表示两个向量之间的乘积。具体来说,两个向量 A 和 B,他们的点积可以表示为 A·B。点积的计算方式为将两个向量对应位置上的数相乘,然后将它们相加。例如,如果向量 A = (1,2,3)和向量 B = (4,5,6),他们的点积可以表示为:

$$A \cdot B = 1 \times 4 + 2 \times 5 + 3 \times 6 = 32$$

向量的长度也称为模长或者范数。向量的长度可以用类似勾股定理的计算得出,具体来说,如果有一个 n 维向量 A = (a1,a2...an),它的长度可以表示为:

$$|A| = \sqrt{a_1^2 + a_2^2 + \cdots + a_n^2}$$

例如,如果有向量 A =(1,2,3),它的长度可以表示为:

$$|A| = \sqrt{1^2 + 2^2 + 3^2} = \sqrt{14}$$

### 三、K-means 聚类方法

1. K-means 聚类简介

K-means 聚类是一种常用的无监督学习方法,它的目标是将数据划分为 K 个不同的簇。它的基本思想是:通过迭代的方式更新簇中心(质心)的位置,使得数据点与其所属簇中心之间的距离之和最小,同时簇之间的距离尽可能大。质言之,这种方法试图找到数据的内在结构,并将相似的数据归为一类。K-means 聚类算法因其计算效率高、可扩展性强、易于展示等优点得到了广泛的应用,在客户分类、市场细分、社交网络分析、计算机视觉、文本分析等领域都可以见到其身影。

K-means 聚类是通过欧氏距离度量相似性的经典算法。我们可以将 K-means 聚类算法的基本步骤归纳如下：

（1）确定 K 的数值。K 的数值取决于我们想将数据集分为几组。在本章开篇的案件分配例子中，庭长可能希望将 K 设为 3，因为想把案件分为 3 组，分配给资深法官、骨干法官和年轻法官。

（2）随机初始化。在数据中**随机**挑选 K 个数据点，作为簇的中心（centroid）。这样产生的点一般并不是好的中心点，不能代表各簇数据的大体特征，算法仅用其作为迭代的起点。

（3）根据就近原则进行第一次分组。在第二步的基础上，计算每个数据点距离 K 个中心的欧式距离，数据点离哪个中心近，就属于哪一簇（类）。

（4）根据中心原则重新计算中心。完成第一次分配后，利用上文提到的欧式距离公式，再次计算并更新每个类别的"中点"位置。"中点"可以是数据集内部的点，也可以不是。重要的是，利用距离公式找到数据集的中点位置，成为新的中心。

（5）重复第三步，根据就近原则进行第二次分组。

（6）重复上述步骤，也就是用距离公式计算新的类别中心，利用就近原则再做新的分组。再计算，再分组……直到中心稳定。中心稳定指的是，无论如何重复上述步骤，中心的位置都将不再发生变化。此时 K-means 聚类完成，算法结束。

有一个有趣的比方，可以解释以上 K-means 聚类的过程。

有四个牧师去郊区布道，一开始牧师们随意选了几个布道点，并且把这几个布道点的情况公告给了郊区所有的村民，于是每个村民到离自己家最近的布道点去听课。

听课之后,大家觉得距离太远了,于是每个牧师统计了一下自己课上所有村民的地址,分别搬到了这些地址的中心地带去布道,并且在海报上更新了自己的布道点的位置。

牧师每一次移动不可能离所有人都更近,有的人发现,他原来离牧师 A 的布道地点较近;但 A 牧师移动以后,自己还不如去 B 牧师处听课更近,于是每个村民又去了离自己最近的布道点……

就这样,牧师每个礼拜更新自己的位置,村民根据自己的情况选择布道点,最终稳定了下来。可以看到,牧师的目的是让每个村民到其最近中心点的距离和最小。

用一个例子说明这一过程。如图 5.4 所示,假设有如下的二维数据点,其坐标分别为(2, 2),(3, 3),(4, 4),(10, 10),(11, 11),(12, 12),(20, 20),(21, 21),(22, 22),需要对其进行 K-means 聚类。首先,确定 K = 3,这意味着我们希望将这些数据点聚类,分为 3 个簇。作为随机初始化,随机选择三个数据点作为初始中心,假设随机取得的三个中心分别为坐标为(2, 2)的中心 A,坐标为(11, 11)的中心 B,和坐标为 (20, 20)的中心 C。然后,根据就近原则,将每个数据点分配给最近的中心,分别得到三个簇,其中簇 1 由(2, 2),(3, 3),(4, 4)三个点构成,簇 2 由(10, 10),(11, 11),(12, 12)构成,簇 3 由 (20, 20),(21, 21),(22, 22)构成。

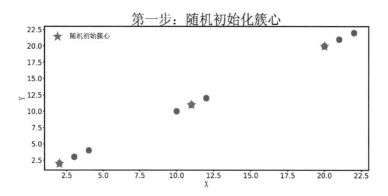

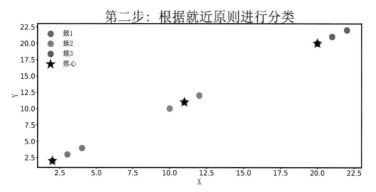

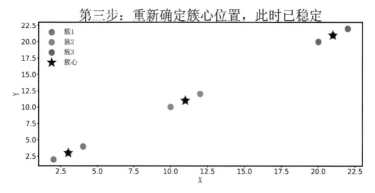

**图 5.4 K-means 聚类步骤示例**

接下来,重新计算三个簇的中心,这时,三个簇的中心变更为
坐标为(3,3)的新中心 A,坐标为(11,11)的新中心 B,和坐标为
(21,21)的新中心 C。可以看到,中心 A 和中心 C 的位置发生了
变化。因此,需要继续进行分配和更新中心的操作,直到中心不再
发生变化。在这个例子中,中心已经稳定,算法停止。最后,我们
得到的结果正是以(3,3)、(11,11)和 (21,21)三个点为中心的
三个簇。K-means 聚类完成。

---

**扩展阅读:K-means 算法背后的数学思想**

　　K-means 算法体现了创造性的数学思想。K-means 所要
完成的任务有两个:最优的划分类别,以及找到各类别的中心。
把这个任务转化为一个数学问题,等价于要同时找到一组中心
和一种划分类别的方法,使得组间差异最大和组内差异最小。
在数学上,直接解决这个问题是非常困难的。

　　K-means 算法的创造性在于把这个问题分解成为两个子
问题,基于一个子问题又可以较容易地解决另一个子问题。具
体来说,如果已经给定了中心的位置,那么使用就近原则是最
优的类别划分的方法。同样的,如果给定了类别的划分,最理
想的中心位置则是每个类别的质点位置。在 K-means 聚类
中,虽然起始点的中心位置是随机给出的,但每一次的循环计
算都使得我们向正确答案靠拢;直到中心的位置稳定下来时,
我们也就得到了近似最优化的解。这个过程,实际上是用计算
代替了求解,是我们使用计算机解决很多数学难题的思路。

---

### 2. K 值的选择

　　K-means 聚类算法中,需要研究者确定 K 的取值。而把数据
划分为多少个类别,恰是很多聚类问题的关键。在有些情况下,人

们并不预先知道应该把对象分成多少类,而只是希望把相似的对象尽可能聚在一起。如果 K 值过小,会导致聚类的簇数不足,无法准确刻画数据集的特征;如果 K 值过大,则会导致聚类过度细分,产生过多的小簇,从而失去聚类的意义。因此,需要根据数据集的特征和算法的应用场景对 K 值进行合理选择。我们在这里简要介绍几种选取 K 值的方法:

(1)根据领域知识确定 K 值。在案件分类的例子中,我们希望按照法官的资深程度对案件进行分配,因此将案件划分为 3 类,这属于典型的基于领域知识和具体的应用场景作出的选择。

(2)绘制数据图像。在数据对象只包含二到三个变量时,可以绘制数据点的图像,观察数据集中有无明显的集聚现象,进而选择 K 值。例如,在图 5.5 中,可以通过直接观察发现存在三个簇,因此容易选定 K=3。

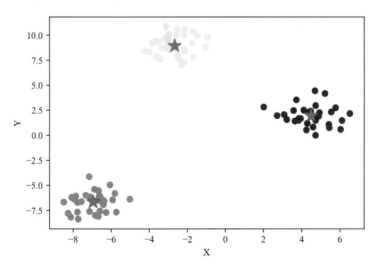

图 5.5　通过绘制数据图像确定 K 值

（3）手肘法。手肘法是一种通过计算来选择 K 值的方法。和前文回归分析中介绍的残差平方和概念相似,聚类分析中的误差可以定义为:

$$聚类误差=(数据点1-所在类中心)^2$$
$$+(数据点2-所在类中心)^2+\cdots \quad \textbf{公式 5.3}$$

进而,可以分别计算 K = 1,2,3···n 等多个 K 值下的误差情况,并将 K 值与聚类误差绘制成如图 5.6 的图像。一般来说,随着 K 值的增大,误差会相应地减少。如果误差图像在某一处出现了明显的拐点,这一"手肘位置"就对应着较好的 K 值选择。

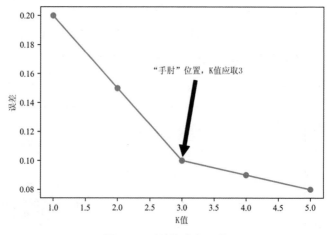

**图 5.6　手肘法确定 K 值**

## 四、应用实例: 法系的再分类

比较法中,常将各国法律划分为"普通法系"和"大陆法系";也有不少学者将"中华法系"和"伊斯兰法系"另立。传统观点一般认为法律渊源是区分法系的最重要特征。普通法系国家强调判例法,法官在审理案件过程中必须依据过去的判例即类案进行裁判。大陆法系国家则更加重视成文法,以制定法为主要法律来源。立法机关制定的法律具有明确性和详细性,法官主要负责解释和适用法律,而并不创造有约束力的先例。不过,两个法系的划分在今天显得愈发缺乏解释力。一方面,普通法和大陆法的差异日益模糊——普通法系国家通常也制定了大量的成文法,而在德国、法国、日本等主要的大陆法系国家,判例也对后续判决有着影响力。另一方面,以往的分类大体上基于学者的经验,有着较为粗放的一面。在今天,法律研究者已经对全球各国的法律有着更为深入的了解。是否能够结合数据和机器学习的方法,对法系进行精确的再划分?

实际上,已经有不少学者对这一问题作出了新的研究尝试。在此,我们介绍张永健(Chang, Yun-chien)等人的研究成果。① 在其文章中,作者通过聚类的方法,对全球 129 个国家和地区的财产法(物权法律)进行了精确分类。研究的内容是,首先,收集 129 个法域的财产法(物权法)条文,并据此整理各国物权法律规定的九大方面,包括:财产形式、土地登记、共有、逆权占有(adverse possession)、善意取得、个人产权、不动产、归并原则、占有。这九大方面共涵盖 108 个变量,对应着 108 项具体规定。例如,一个国家是否采用善意取得制度、是否承认逆权占有、是否采用房地产登记的绝对主义等。这些变量构成了聚类分析的基础。

① See Yun-chien Chang, Nuno Garoupa and Martin T. Wells, 2021, "Drawing the Legal Family Tree: An Empirical Comparative Study of 170 Dimensions of Property Law in 129 Jurisdictions", *Journal of Legal Analysis* 13(1):231-282.

随后,作者使用了平均链接聚类的方法,对这些国家进行分类。平均链接聚类与前文介绍的聚类方法类似,其核心思想是将相似的对象归为一类,而将差异较大的对象归入不同类别。具体而言,算法首先将 129 个法域各自视作一个独立的群组(分类)。随后,算法根据 108 个变量的取值,找出最为接近的两个群组,将它们合并成一个新的群组。与 K-means 聚类方法相似,聚类过程的停止,取决于研究者对类别数量的设定。在这一研究中,作者将组别数设置为 10。就此,以上"小组合并为大组"的过程一直重复,直到 129 个法域最后被划分到 10 个组中。聚类的过程和结果可见图 5.7。

在图 5.7 中,最上方的高度标尺表示的是层次聚类中每次合并操作的距离或相异性,即在树状图中合并两个个体或者群组时它们之间的不相似度。例如,若我们观察俄罗斯和白俄罗斯这一分支,它们在较低的高度值(约 0.03)就已发生合并,表明两者在物权法律规定上较为相近。相比之下,俄罗斯和越南两者合并处的高度值约为 0.2,表明这两个国家在物权法律上相似度更低。而对于中国,即便是与最相邻的法域簇发生合并,高度值就已高达 0.27。这意味着,尽管传统的法系分类方法认为我国在转型的过程中采用了与俄罗斯类似的带有社会主义性质的产权形式,但由于我国物权法中融入了较多中国特色,因此与其他法域存在较为明显的差异。这也是为什么在作者的聚类分析结果中,中国单独占据了 10 个组别中的一个。

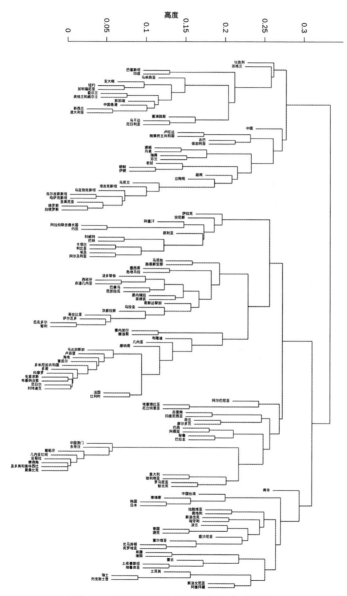

高度

图 5.7 通过聚类形成的财产法法系图谱

　　归纳来说,这一研究为理解和应用聚类方法作出了示范。通过收集大量法律数据并创造性地使用聚类方法,作者将各国的物权法律进行了再分类。这种再分类显然与传统的依照法系来划分类别的方法不同,它显得更为精细,也呈现了更为丰富的信息。读者可以仔细阅读图 5.7,来思考其带来的关于物权法律相似性的知识。比如,以往人们通常认为德法同属大陆法系、同属民法典传统,其物权法律应较为接近。但实际上,法国的物权法律只与一些非洲前殖民地国家接近,却与德国迥异。这些发现充满趣味,也颇为震撼,应当引起法律研究者的重视与思考。

# 第六章　神经网络模型

## 一、神经网络模型概述

神经网络模型是近十几年来人工智能得以飞速发展和广泛应用的基础。网络层数较多的神经网络模型,又被称为深度学习模型,是另一个人们耳熟能详的概念。今天大众熟知的各类人工智能产品,大多基于神经网络模型开发——从文字识别到人脸识别,从谷歌翻译到特斯拉自动驾驶,从智能作画到智能问答(如 ChatG-PT),全都离不开神经网络模型。可以说,神经网络模型在现代人工智能产业中发挥着革命性和基础性的作用,不少人甚至称之为新时代工业的"电力"。

不过,神经网络模型并不是新近出现的产物。早在二十世纪六十年代,计算机科学家们便模仿人类神经元系统的运作方式,设计出了神经网络模型的基本算法。在发明的早期,人们对这一模拟人类大脑运作的模型寄予厚望。不过,人工智能的创始人之一马文·明斯基(Marvin Minsky)在 1969 年便指出,简单的神经网络模型只能解决简单线性问题,而复杂的神经网络模型则需要超出当时普通计算机甚多的计算能力。这浇灭了当时人们对神经网络

的热情。直到近些年来,数据科学家在模型中引入了计算效率更
高的反向传播算法(将在下文介绍),同时,计算机算力飞速提升,
复杂神经网络的广泛应用才成为可能。这解释了神经网络模型在
近年来的爆发式发展:语音和图像识别、计算机视觉、大语言模型
等突破性应用一个接一个地出现。

　　在了解神经网络模型前,先要理解传统机器学习模型的局限。
图 6.1 是一个数据集,表示房屋面积和房屋总价之间的关系。我
们希望构建一个模型,通过面积预测房价。如第三章介绍,一个可
行的方案是使用线性回归模型,利用最小二乘法得到房屋总价对
应面积的线性方程——这相当于为数据集拟合了一条最优的
直线。

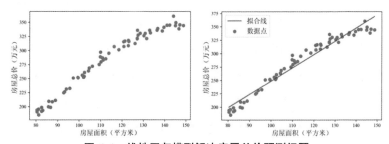

**图 6.1　线性回归模型解决房屋总价预测问题**

　　用线性回归模型对数据进行拟合,当然是可行的。不过,如果
留心观察以上数据,便会发现,面积和房屋总价之间似乎并不是简
单的线性关系。在最开始的阶段,略微增加面积会使得房价提升
较多(例如图 6.2 左图中的拟合线 1)。当房屋面积已经较大时,
进一步增加面积对房屋总价的提升效果在边际上较小(例如图
6.2 左图中的拟合线 2)。这时候,如果能用一个曲线来拟合这个
数据集,效果可能好得多。对数学图像熟悉的读者可能会联想到

数学中的多项式函数和对数函数——通过将方程中的面积改为面积的平方项或是面积的对数值,我们就能用曲线来拟合这个数据集(比如,房屋价格 = 面积$^2$ 或者是 房屋价格 = log 面积)。如图6.2中的右图所示,相较于线性拟合,曲线方程能够得到更优的拟合效果。

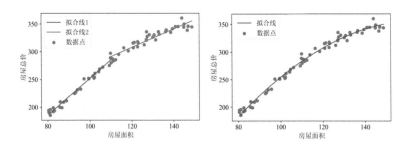

**图 6.2　房屋总价预测问题的优化**

尽管曲线方程表现更佳,但在广泛的实践中,曲线方程的构建却面临着至少两个难题。首先,很难先验地确定非线性项的数量。这里给出的例子只涉及一个自变量(面积),如果实际问题中有 2个、3 个甚至 100 个变量,则很难判断哪些变量应当用多项式函数拟合,哪些可以直接用线性模型拟合。

其次,同样难以确定的是,应当采用何种非线性函数。现实生活中,因变量与自变量的关系各异,哪怕是再优秀的数学家也不可能总是能够构造出恰当的曲线来拟合函数(如图 6.3)。同时,寻找恰当的函数不仅需要数学知识,更需要领域知识。举个法律中的例子:刑法对盗窃案件的量刑标准进行了明确划分,指出盗窃公私财物价值一千元至三千元以上、三万元至十万元以上、三十万元至五十万元以上的,应当分别认定为《刑法》第二百六十四条规定的"数额较大""数额巨大""数额特别巨大"。对应地,"数额较大""数额巨大""数额特别巨大"分别应当处以三年以下有期徒刑、三年以上十年以下有期徒刑、十年以上有期徒刑至无期徒刑。若缺乏对以上刑法知识的基本了解,而简单地采用线性模型或非线性模型对盗窃金额和刑期数据加以拟合,显然难以对涉案金额和刑期之间关系作出准确刻画。

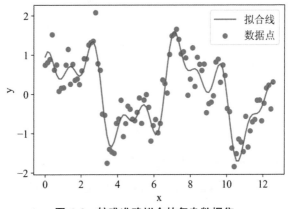

图 6.3　较难准确拟合的复杂数据集

　　传统的机器学习模型不能很好解决以上问题。在实际的应用场景中,研究者只能凭借自身对问题的理解,不断尝试不同的变量组合和函数形式,以提高模型的预测准确度。这种调整模型形态以更好拟合数据的操作,一般需要大量人工介入,也并不特别准确,显得费时费力、事倍功半。

　　相比传统的机器学习方法,神经网络模型能更好拟合各种各样的复杂非线性关系。为了理解神经网络模型,可参考一个图像识别问题:如何让算法认出一只猫。

　　我们先思考人类如何将图片中的事物识别为猫。如图 6.4 所示:首先,人们看到图片中物体的整体轮廓,它有较圆的头、较尖的耳朵、较长的胡须,眼睛也较圆、鼻子嘴巴紧凑。其次,人们关注一些颜色和质感细节:物体呈灰黄色,脸部多毛,长相可爱……不过,事实上,人们对猫的识别似乎是一瞬间的综合判断。我们很难清楚说明,到底是先认出轮廓、颜色还是细节——是这些观察的整体使我们给出这是一只猫的判断。可以说,人类的感官和大脑,很擅长识别猫,速度极快、准确性极高。

**图 6.4 人类思维对猫的分辨**

让计算机识别猫,会复杂得多。读入图片时,计算机"看"到的并不是一只活灵活现的猫,而是一些如图 6.5 所示的像素点的集合,即一个数字方阵(参见第一章对图像数据的介绍)。方阵中的每一个数字代表着一个像素点的位置和颜色,比如猫的眼睛处于第 17 行第 11 列,灰度值是 29,对应深黑色,猫的嘴巴处于第 28 行第 16 列,灰度值是 134,对应浅灰色。在计算机眼中,方阵中的眼睛处和嘴巴处的颜色分别对应着不同的数字(可以理解为色号),如表 6.1。

**图 6.5 计算机对猫特征的识别**

表 6.1　将图像表达为结构数据

| 像素点编号 | 行 | 列 | 色号 |
|---|---|---|---|
| 1 | 1 | 1 | 255 |
| …… | | | |
| 5 | 1 | 5 | 188 |
| …… | | | |
| 210 | 7 | 30 | 255 |
| …… | | | |
| 842 | 29 | 2 | 82 |
| …… | | | |

　　在这种情况下，算法如何识别一只猫呢？假设仍然使用线性回归模型或是逻辑回归模型，那么计算机可能会建立一个如下的方程式：

　　图中是猫的概率 = 0.1 + 0.03 × 猫眼位置的数值 + 0.09

　　　　　　× 猫嘴位置的数值 + …　　　　　　式 6.1

　　使用回归模型勉强可行，但不见得会有好的拟合效果。毕竟，人类也并不是通过理解像素点的关系来识别猫的。一个更好的方案可能是，利用数学知识，将原始数据（数字方阵）转化成多个"评估指标"。例如，根据经验，猫的脸大体是对称的，我们或许可以计算一个数字方阵的对称指标，然后将这个变量称作"脸的对称程度"。再比如，猫的耳朵是尖的，我们可以计算一个"尖耳朵指标"。类似地，还可以计算出长胡须指标、猫眼指标、整体颜色指标等，进而建立以下的方程式：

$$图中是猫的概率 = 0.7 \times 脸的对称程度 + 0.9$$
$$\times 尖耳朵 + 0.2 \times 长胡须 + 0.8$$
$$\times 猫眼的独特形状 + \cdots \qquad 式6.2$$

这样得到的模型会有更好的拟合效果,也更符合人类对"识别猫"这项任务的认知。但是,面对一个复杂的数字方阵,如何计算出脸的对称程度、尖耳朵程度、长胡须程度等一系列指标呢? 这比前文中房价和面积的例子复杂得多。解决这个问题不仅要求事先就对猫的特征有很深入的认知,还需要有高超的数学能力,能够构建各种曲线方程以刻画繁复的特征。

神经网络模型则能够解决以上一揽子难题。使用神经网络模型,并不需要人工编写"猫的定义"。相反,模型能够从大量数据中学习和识别出猫的特征。

图 6.6 展示了一个完整的神经网络模型,其结构主要包括输入层、网络隐层和输出层。输入层是神经网络的起点,如果将神经网络模型比作工厂,那么输入层就是接收生产原料的窗口。在图 6.6 中,输入层接收的就是图片的像素值。网络隐层(也称隐藏层)则类似于工厂的处理车间,每个隐层都在原始数据上进行特定的处理和转换。隐层的数量和大小可以根据问题的复杂性来设定,有的网络可能只有一两个隐层,而有的可能有几十甚至数百个(所谓"深度学习",就是指神经网络的层数很深,有很多隐层)。每个隐层都包含许多"神经元"(就像工厂流水线上的工人),他们各司其职,处理数据的不同方面。比如,在识别图像的任务中,某些神经元可能专注于辨别颜色,其他的则专注于识别边缘形状等。隐层通过这些处理,逐渐从原始数据中提取出更抽象、更高级别的特征(例如图 6.6 中的"大圆脸""尖耳朵""长胡须")。输出层类

似于工厂的出货区。在经过所有隐层的处理后，最终的预测结果
会呈现于输出层。

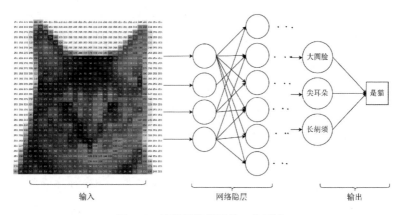

**图 6.6　神经网络模型的工作思路**

**扩展阅读:神经网络模型和人类大脑**

　　神经网络模型的发明受到了大脑神经元结构的启发。大脑神经网络的运作过程,本质上就是神经元通过电化学信号相互通信,接收和整合来自其他神经元的信号。当信号累积达到一定阈值时,神经元会激活并将信号传递给下一个神经元。通过这种方式,神经网络实现了复杂的信息处理和决策功能。下方上图展示了一个大脑神经元之间信号传递的图像。下图则是神经网络模型的图像表达。两者在结构上有着相似性。不过,神经网络模型的实际运作方式,却与大脑的运作关系不大。学习神经网络模型并不需要生物学的基础。

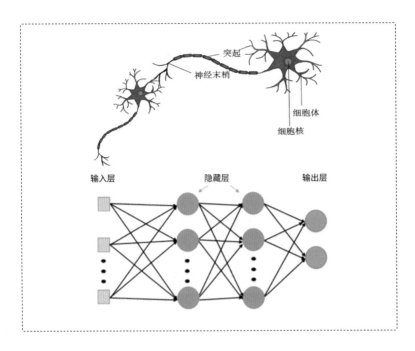

"神经元"是神经网络模型的核心组成部分,它的实质是一个数学模型,用于处理和传递信息,比如,最简单的神经元就只是一个逻辑回归模型,或者叫一个"逻辑单元"。不过,与单一的逻辑回归模型或任何其他机器学习模型不同,神经元处于网络结构中,它与其他神经元相连结。如果将神经元看作是流水线上的工人,那么,这个工人需要从其他工人处(其他神经元)接收原材料(输入信号),并根据原材料的质量和数量(权重)进行加工。接着,他会根据某种规则(激活函数)对加工后的产品进行处理,然后将处理后的产品(输出信号)传递给其他工人(下一层神经元)。

如上文所述,数据通过层层神经元的"锤炼"之后,能够在最后一层提取出对象(比如,猫)的关键特征,并用这些特征作出判断。当然，之所以可以这样思考，是因为人们清楚地知道，猫是具有一些固定特征的。这些特征可能是前文提到的对称的脸、尖尖的耳朵、长长的胡须，但更可能是其他难以言表、难以解释的模式。重要的是，这些固有特征一定是在大量的数据中不断重复出现的。因此，我们期待模型可以自己从数据集中学习到这些共同特征，并用这些特征来构造一个能够识别猫的机器。

那么，类似于图 6.6 的基于神经网络模型的识别器具体是如何工作的呢？首先，模型需要收集大量猫和其他动物的图像，并对图像是否为猫进行标记，以作为数据集中的结果变量。这时，便可以通过向模型"喂入"数据的方式，对其进行训练。

具体而言，计算机向神经网络输入猫的图像，并"询问"神经网络，这是否是猫？初始的神经网络没有接收过任何的数据，每个神经元都不知道应该怎么判断，于是它们纷纷作出随机的判断。可能的情况是，神经网络模型经过层层判断，错误地认定图像并不是猫。此时，算法就回头检查每个神经元的判断情况，并要求每个神经元反思错误，指导并修正神经元的判断——也即，每个神经元都根据结果，更新自身的参数。随后，计算机算法向神经网络再次输入图像，并询问这是否是猫。有了一点经验的众多神经元再次作出自己的判断。如果经过重重判断，模型成功识别了图像中的猫，那么算法就会肯定神经元们的判断，要求神经元继续按照现有的判别方式判断下一张图片。如此循环往复（图 6.7）。

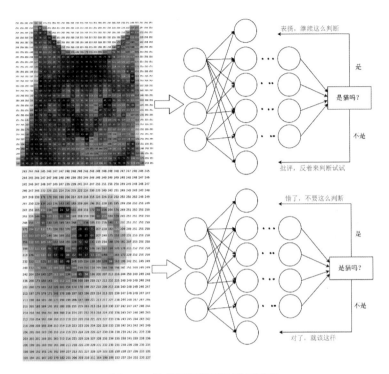

**图 6.7　神经网络模型的学习过程**

就这样,在不断的重复和试错之中,正确的结果会使神经元的判断得到强化,错误的结果则会在算法的指导下促使神经元往可能正确的方向修正。经过大量数据的训练,神经网络模型自己总结出一套高效的识别猫的方法。这一方法可能涵盖某些可以很好描述的猫的特征,比如,圆圆的脸、尖尖的耳朵和长长的胡须,也有可能发现猫的其他特殊特征;但更多时候,神经网络识别出的是蕴藏在数字方阵中的一些难以言表的独特规律。更重要的是,这些特征和规律是模型自己从大量的数据中摸索、总结出来的,整个识别过程由算法自己计算和调整。使用者不需要具备高深的数学知识,甚至不需要对问题本身有深刻的理解。大量经过标记的数据,加上足够的算力,便能帮助模型完成训练。这时,模型已经能够很好地识别猫与非猫了。

总结起来,神经网络的基本原理无非是将一层层的神经元(逻辑回归模型或其他模型)堆叠,每一层神经元都对输入的信息进行计算和加工,再将结果作为信息输入到下一层神经元,最后作出决策和判断。这一训练过程,本质上是通过大量数据来学习数据中固有规律或模式的过程。如果用机器学习中更加专业化的语言来表达,每个神经元中判断是不是猫的功能是由激活函数来实现的,神经元需要从数据中学到的是如何对输入数据作最优处理。模型赋予每个输入特征的参数,在神经网络模型中被称为输入的"权重"。算法通过最小化预测损失的办法从数据中训练出最优的权重,从而达到预测或者分类的目的。我们将在下一节中进一步讲解这些概念。

**扩展阅读:机器学习中的感知类问题**

如何识别猫是一个典型的计算机视觉问题,计算机视觉又属于典型的计算机感知类问题。在这类问题中,计算机处理的是文字、图像、视频、音乐等材料。可以说,人类非常擅长处理感知类问题。比如,人类可以快速完成对图像的整体认知,并判断图像内容;人类也大多可以从简单的话语中读出背后的多重含义,揣摩情感色彩。

处理感知类问题一直是人工智能的难点。在刚刚问世时,人工智能就显示出了解决复杂计算问题的非凡天赋,例如,人工智能擅长象棋、围棋等博弈,能解决高难度数学问题。然而,人工智能却很难处理某些人类能够轻易完成的任务,比如,识别猫、辨别情感色彩、翻译语句。神经网络模型的出现改变了这一局面,它为人工智能解决感知类问题提供了趁手的工具,也由此带来了相关领域的井喷式发展。

## 二、神经网络模型的结构

在这一节中,我们将介绍神经网络模型的几个重要概念,并通过几个例子来说明模型的结构和运作方式。

1. 单一神经元的决策模型

神经网络是由神经元按照一定规则组合而成的决策模型。而单个神经元本身也是一个小型的决策模型(如图 6.8)。一个完整的神经元由输入、权重、偏置项、激活函数和输出组成。

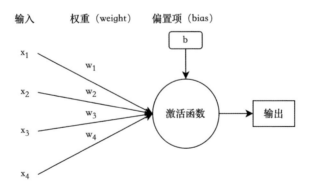

**图 6.8　单个神经元的结构**

我们用一个例子来介绍神经元的每个部分是如何发挥作用的。考虑这样一个场景:周末城里要举办一场演唱会,你较为渴望参加,但尚未拿定主意。在你心中,有三个因素会影响决策:

（1）价格：门票的价格是否可以接受；

（2）天气：当天晚上是不是晴天；

（3）同伴：能否找到同伴一同参加。

最理想的情况，当然是门票价格合理、天气晴朗、好友陪同。若三个条件全部满足，你一定会参加演唱会。不过，现实生活往往不尽如人意。如果价格合理、天气晴朗，却没人陪同，你会如何选择？如果有人陪伴且天气合适，但是票价高昂，你又会如何选择？为了作出更合理的决策，假设采用如下的决策方式：

（1）区分三个因素的重要程度。比如，价格是最重要的决定因素，有人陪伴其次，天气最次。为了方便计算，我们给这些重要程度赋上具体的数字。例如，价格可以接受最为重要，价值8；有人陪伴次之，价值6；天气的重要性最低，好天气的价值为2。

（2）计算各个环境下的"满意程度值"。如门票价格高昂，但天气良好且有人陪同，那么满意程度值就是好天气和有陪同的价值加总，即6 + 2 = 8。如果门票价格合适、天气晴朗，但是无人陪伴，那么满意程度值为8 + 2 = 10。

（3）你内心较为渴望参加这次演唱会：这意味着，在满意程度值之外，还有一个作为基础的对演唱会的"渴望值"。将"渴望值"纳入决策意味着，即便在无人陪伴、天气恶劣且票价昂贵的情况下，某些"渴望值"极高的人（例如忠实粉丝）还是会选择参加演唱会。在这里，我们假定"渴望值"为2。

（4）选定一个阈值，如果"渴望值"和"满意程度值"加起来超过了这个临界值，就决定参加演唱会。例如，将这个阈值设为11。

（5）利用计算结果辅助决策。如果面临的是高额票价但天气良好且有人陪同，那么满意程度值为8，加上渴望值2，低于临界值

11。这意味着将决定不参加演唱会。如果面临的是好天气和低票价,但无人陪同,满意程度值则为 10,加上渴望值 2,超过临界值 11,应当参加演唱会。

实际上,上述计算体现了神经网络中每个神经元的决策过程。用神经网络的语言来讲,这里的票价、天气和同伴就是神经元的输入。我们赋予每个输入的"重要程度"则被称作权重。对于参加演唱会的"渴望值",对应的就是偏置项,即神经元自身的常数值。据此作决策时的依据:超过 11 就参加演唱会,小于 11 就不参加,被称作神经元的激活函数。最终作出的决定,即参加或者不参加,就是神经元的输出。可以用图 6.9 表示单个神经元的决策过程。

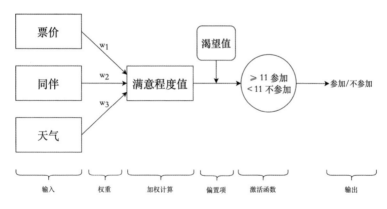

图 6.9　单个神经元的决策过程

2. 单一神经元及线性模型决策边界的局限

不难发现,单一神经元的神经网络模型已经具备了输入数据,训练参数,输出结果的完整功能。这已经是一个完整的机器学习模型了。正因如此,单一神经元的神经网络模型有时也被称为感知机(Perceptron)。但是,如果要实现构建神经网络的初衷——避免复杂的函数构建,自动拟合数据,感知机还是显得有些力不从心。前文提到,一个完整的神经元包含输入、输出、权重和激活函数。在实际操作中,常用的激活函数是 Sigmoid 函数和 ReLU(Rectified Linear Unit)函数。我们以 Sigmoid 函数为例进行介绍。Sigmoid 函数和逻辑回归中的逻辑函数(logistic function)的形式是完全一致的,即:

$$g(x) = \frac{1}{1 + e^{-x}} \qquad \text{式 6.3}$$

式 6.3 对应的函数图像是一条 S 型曲线,如图 6.10 中左图所示。如果我们将这个激活函数代入神经元中,感知机实现的功能就和逻辑回归完全一致(如图 6.10 右图所示)。因此,从数学角度来说,单一神经元模型本质上等价于逻辑回归。

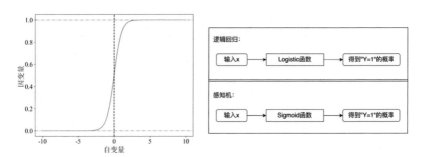

图 6.10　单一神经元模型和逻辑回归模型

那么,为什么要将一系列逻辑回归进行组合,形成神经网络模型? 神经网络模型相比于逻辑回归模型的优势体现在哪里?

简单回顾逻辑回归模型:逻辑回归在数据集上拟合一条曲线,其输出值(因变量)在(0,1)之间,这符合概率的特点,能更好地适应分类问题的特性。但是,逻辑回归与线性回归并无本质区别,它只是将模型的线性输入部分($\beta_0 + \beta_1 x_1 + \beta_2 x_2 + \cdots$)通过上述逻辑函数映射到了$(0,1)$区间内,其实质还是一个线性模型:无论逻辑回归的系数如何变化,模型的效果都等价于在数据图像上划一条笔直的分割线(如图6.11左图;可回顾第三章)。这种分割线的含义大体是一种分类规则:当$\beta_0 + \beta_1 x_1 + \beta_2 x_2$的值大于(或小于)某阈值时,因变量更可能属于某一类别。这个阈值一般设为0。[①]

反映在图6.11左图:当$\beta_0 + \beta_1 x_1 + \beta_2 x_2 \geq 0$,即其值在虚线上方时,模型预测该点属于"蓝色";当$\beta_0 + \beta_1 x_1 + \beta_2 x_2 < 0$,即其值在直线下方时,模型预测该点属于"红色"。

而这种线性模型难以处理很多类型的问题,特别是,它难以捕捉到非线性关系。比如,图6.11的右图显示了一个只有4个点的最简单分类问题,对角线上的点属于同一类别(数据见表6.2)。可以看到,没有任何一条直线能够通过分割平面,对两类点进行有效区分。即,这种情况下,逻辑回归模型拟合出来的结果会非常糟糕。

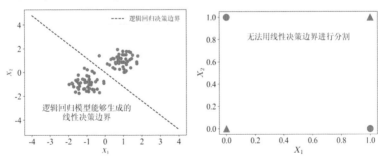

**图6.11 逻辑回归模型处理分类问题时的困难**

---

表6.2 四个点的数据集:坐标(自变量)和颜色(因变量)

| 序号 | $x_1$ | $x_2$ | 颜色 |
|------|------|------|------|
| 1 | 0 | 0 | 红色(0) |
| 2 | 0 | 1 | 蓝色(1) |
| 3 | 1 | 0 | 蓝色(1) |
| 4 | 1 | 1 | 红色(0) |

3. 复杂神经元的神经网络

单一的逻辑回归难以很好地处理很多分类问题。但是,如果在单一的逻辑回归之上,再加入另一层逻辑回归(即神经元),情况就会大为不同。即,可以在感知机的激活函数后增加一个新的网络隐层,并以上一层的输出作为下一层神经元的输入。这时,模型就从线性跃迁至非线性,从而得以拟合出更加复杂的决策边界。

图6.12用一个例子展示了双层神经网络模型的工作原理。第一层神经网络有两个神经元,分别是 $Z_1$ 和 $Z_2$。每个神经元都接收 $x_1$ 和 $x_2$ 两个特征作为输入,并且每个输入都有对应的权重( $w_{11}, w_{12}, w_{21}, w_{22}$, $w_{11}$ 表示 $x_1$ 对于 $Z_1$ 的权重,$w_{12}$ 表示 $x_1$ 对于 $Z_2$ 的权重,以此类推)。同时,$Z_1$ 和 $Z_2$ 的偏置项分别为 $b_1$ 和 $b_2$,于是:

$$Z_1 = w_{11} \times x_1 + w_{21} \times x_2 + b_1$$
$$Z_2 = w_{11} \times x_1 + w_{21} \times x_2 + b_2$$

基于 Sigmoid 激活函数,可以计算 $Z_1$ 和 $Z_2$ 两个神经元的 $S(Z_1)$ 和 $S(Z_2)$。若设定 0.5 作为阈值,则当 $S(Z) > 0.5$ 时,该神经元的输出值 $D(Z)$ 为 1,否则为 0。第一层神经网络的输出将作为输入传递至第二层神经网络。在第二层中,仅有一个神经元 $K$,假设来自第一层神经网络的两个输入的权重分别为 $w_{1k}$ 和

$w_{2k}$,且偏置项为$b_k$,遵循同样的步骤:

$$K = w_{1k} \times D(Z_1) + w_{21} \times D(Z_2)$$

而后,基于 Sigmoid 激活函数得到$S(K)$,同样以 0.5 为阈值,可以判断当$S(K) > 0.5$,时,输出为 1。

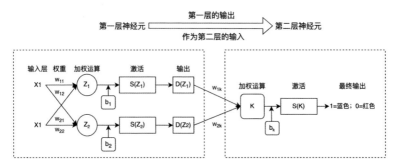

**图 6.12　双层神经网络的工作流程**

根据以上工作原理,我们来建模解决表 6.2(即图 6.11 右图)中四个点的分类问题。在这里,假设已经使用一定的算法,获得了神经网络模型的一组关键参数,其中第一层的参数为:$w_{11} = -5$,$w_{12} = 5$,$w_{21} = -5$,$w_{22} = 5$,同时偏置项$b_1 = 8$,$b_2 = -3$。第二层的参数为:$w_{1k} = 5$,$w_{2k} = 5$,偏置项$b_k = -8$。现在,我们可以通过这些参数对结果进行计算,计算的中间变量和结果呈现于表 6.3。

**表 6.3　双层神经网络的计算过程和结果**

| 序号 | $x_1$ | $x_2$ | $Z_1$ | $Z_2$ | $S(Z_1)$ | $S(Z_2)$ | $K$ | $S(K)$ | 最终输出 |
|---|---|---|---|---|---|---|---|---|---|
| 1 | 0 | 0 | 8 | -3 | 1.00 | 0.05 | -3 | 0.047 | 0(红色) |
| 2 | 0 | 1 | 3 | 2 | 0.95 | 0.88 | 2 | 0.881 | 1(蓝色) |
| 3 | 1 | 0 | 3 | 2 | 0.95 | 0.88 | 2 | 0.881 | 1(蓝色) |
| 4 | 1 | 1 | -2 | 7 | 0.12 | 1.00 | -3 | 0.047 | 0(红色) |

在此,我们仅以点 $(0,0)$ 为例介绍计算过程,但建议读者对四个点一一进行计算验证,以加深对二元神经网络模型工作过程的理解。从第一层神经元出发,我们首先计算点 $(0,0)$ 的 $Z_1$ 和 $Z_2$ 的值。计算 $Z_1$ 和 $Z_2$ 的过程本质上是一个加权运算的过程,其中:

$$Z_1 = w_{11} \times x_1 + w_{21} \times x_2 + b_1 = -5 \times 0 + (-5 \times 0) + 8 = 8$$
$$Z_2 = w_{11} \times x_1 + w_{21} \times x_2 + b_2 = -5 \times 0 + (-5 \times 0) - 3 = -3$$

S 为 Sigmoid 函数,故 $S(Z_1) = \dfrac{1}{1 + e^{-z_1}} = \dfrac{1}{1 + e^{-8}} \approx 1$

$$S(Z_2) = \dfrac{1}{1 + e^{-z_2}} = \dfrac{1}{1 + e^3} \approx 0.05$$

根据 Sigmoid 函数的性质, $S(Z) \geq 0.5$ 时,第一层神经元的输出为 1,否则输出为 0。因此,第二层神经元的输入分别为 1 和 0,对 $K$ 进行加权运算有:

$$K = 5 \times 1 + 5 \times 0 - 8 = -3$$

进一步计算得到 $S(K) = 0.05$,小于激活函数的临界值 0.5,因此,最后输出值为 0,分类为红色。同理可计算得到其余三个数据点的输出结果,完成分类。

事实上,以上的计算过程可以被视作两个逻辑回归模型或感知机的叠加,图 6.13 直观展示了该叠加过程。如果增加神经元的个数和层数,模型还能给出更复杂曲折的决策边界,对数据作出更为复杂的拟合。图 6.14 展示了一组由复杂神经网络模型生成的决策边界(隐层数量分别为 200 和 100)。

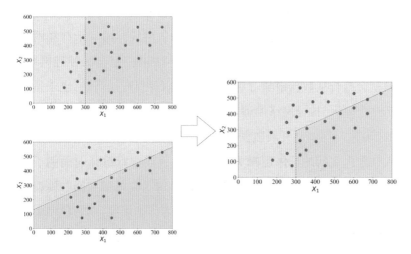

图 6.13　感知机叠加形成非线性决策边界

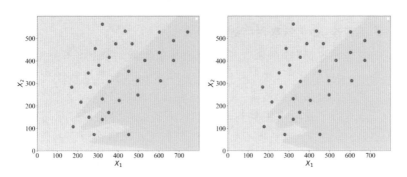

图 6.14　复杂神经网络生成的决策边界

以上,我们以两个神经元的神经网络模型为例介绍多层神经网络的工作流程。在实践中,绝大部分神经网络模型的神经元数量远远超过两个,从而形成了更为复杂的神经网络结构。一般来说,当一个神经网络模型具有更多的网络隐层和神经元时,该模型就能以更多样化的曲线来拟合数据(如图 6.14)。数据科学家们已经证明,在数据量充足的情况下,只要存在足够多的层数和神经元,神经网络可以拟合出任意形状的函数曲线。而对于神经网络的使用者来说,需要做的仅仅是将数据"丢进"复杂的神经网络,模型会自行从数据中学习规律,得出权重等参数。当然,也正是出于这个原因,神经网络模型,尤其是多层神经网络模型是一个典型的"黑箱",即便是开展数据分析的研究人员也难以清晰地解释输入和输出之间的具体逻辑关系。比如,我们很难解释前面例子中的各种权重和参数的具体意义是什么。这与树模型和回归模型形成了鲜明的对比:树模型是一整套直观的分类规则;回归模型中的回归系数(参数)呈现的是自变量与因变量之间的线性关系。因此,回归模型和树模型的可解释性远强于神经网络模型。

**扩展阅读:如何选取网络结构**

理论上,神经网络可以拟合任意复杂的问题(函数)。不过,在实际操作中,我们应该选择几层神经网络来应对手中的问题呢?每层神经网络,又应该包含几个神经元?

这并不是一个能够简单作答的问题。在神经网络应用的伊始,数据科学家们也不知道应该如何设置网络结构。他们做的事情非常朴素:一层一层、四个四个神经元地往上尝试,直到得到最佳的预测效果。今天,我们已经积累了不少相对成型的网络结构,以应对各种特定的问题。

在实际操作中,如果遇到的问题并不十分复杂,我们仍然可以用手动尝试的方法设置网络结构。如果遇到比较复杂的问题,常用的办法就是参照已有的文献资料,寻找相关领域已经得到较多应用的网络结构,加以采纳或改造。

今天,神经网络模型快速发展,形成了各种各样的变种,成为机器学习在多个领域应用的基础。本节到目前为止介绍的只是最为基础的全连接型神经网络——每一层中的每一个神经元都将结果传递给下一层中的每一个神经元。可以想见,这种工作方式对算力和数据量的要求都非常高。在各个应用领域,数据科学家对神经元的排列结构和工作方式做了许多相应的改进,以提高模型计算效率及准确度。例如,在图像识别领域,一般使用效率更高、性能更好的卷积神经网络;如今大为流行的"深度学习"概念的背后,是具有深度网络结构的大体量、大规模神经网络;大语言模型,则是基于 Transformer 架构的能够"记忆"更多信息的神经网络。本书不对这些模型作过多介绍,感兴趣的读者可以自行学习。

## 三、神经网络模型的训练和优化

在上一节中,我们用给 4 个点分类的例子对神经网络模型的工作原理作了介绍。在这个例子中,我们给定了各个要素的权重。进一步的问题是:在实践中,这些权重应该如何赋值?激活函数又应该如何确定?前面已经提到,神经网络模型(尤其是多层神经网络)是典型的"黑箱"。不过,这个"黑箱"的训练与优化却遵循一定的范式,以确定最优的权重和激活函数。

本质上来说,神经网络的训练过程是通过不断地调整网络中神经元之间的连接权重来减少**预测误差**的过程。

误差这一概念至关重要。在数据中,有着输入的特征,也有着实际的输出值。模型根据输入特征给出预测,预测与实际输出值的差异,即为误差。神经网络模型的算法,就是通过计算,产生一定的参数(权重),使得总体误差变小。

仍然以图像识别猫为例。假设有 6 个观察值(6 张图片),每张图片中的动物形象有两个特征(耳朵和胡须),并且已经人工标识了图片中的动物是否为猫。这时,假设有两个神经网络模型,有着不同的参数(权重),因而对结果有着不同的预测。模型 1 中,特征 1 的权重是 $w_{11}$,特征 2 的权重是 $w_{12}$;模型 2 中,特征 1 的权重是 $w_{21}$,特征 2 的权重是 $w_{22}$。真实数据、预测结果和模型误差如下表所示:

表 6.4　神经网络模型识别猫图像的结果

| 样本 ID | 特征 1:耳朵 | 特征 2:胡须 | 结果变量(真实值) | 模型 1 预测值 | 模型 1 误差 | 模型 2 预测值 | 模型 2 误差 |
|---|---|---|---|---|---|---|---|
| 1 | 尖 | 长 | 1 | 1 | 0 | 1 | 0 |
| 2 | 圆 | 短 | 0 | 0 | 0 | 1 | 1 |
| 3 | 尖 | 短 | 1 | 0 | 1 | 0 | 1 |
| 4 | 尖 | 长 | 1 | 1 | 0 | 1 | 0 |
| 5 | 圆 | 长 | 1 | 0 | 1 | 0 | 1 |
| 6 | 圆 | 短 | 0 | 0 | 0 | 0 | 0 |
| 总误差 | | | | | 2 | | 3 |

注:真实值和预测值均为类别变量,1 为猫,0 为不是猫

这里,我们用模型预测值与真实值的差的绝对值来代表每一项预测的误差,用误差的加总代表模型总误差——这是一种对误差的理解的极端简化。实践中,有各种各样计算模型误差的方法(试回顾回归分析中最小二乘法的误差是如何计算的)。可以看到,模型 2 的总体误差为 3,大于模型 1 的总体误差 2。由此可知,

参数为 $w_{11}$、$w_{12}$ 的模型 1,其效能要优于参数为 $w_{21}$、$w_{22}$ 的模型 2。

　　某种意义上,神经网络模型就是在通过不断计算,寻找更优的参数,以使模型的误差最小化——预测值与真实值间的总体差异最小。我们称这一重复计算的过程为"迭代"。实践中,需要根据经验或基于模型的稳定程度设置迭代的次数。迭代的计算过程较为复杂,我们将其放在扩展阅读中加以介绍。

　　最后需要说明的是,本章仅介绍了如何使用神经网络模型预测类别变量、解决分类问题,实际上,只需略为调整,神经网络模型也完全可以用于预测连续变量。比如,可以调整输出层,使其只包括一个神经元,而不使用激活函数,这时,神经网络模型就能实现对连续变量的拟合和预测。

---

**扩展阅读:神经网络模型的计算过程**

　　神经网络模型计算的过程主要包括前向传播、损失函数计算、反向传播及权重更新,简要介绍如下:

　　(1)前向传播。前向传播是指输入信号(特征)从神经网络的输入层经过隐藏层传递到输出层的过程。神经网络接收输入特征,并根据权重和激活函数计算预测值。例如,在图像识别中,每一个像素点的位置和颜色都是特征,会影响图片识别的结果;在预测民事案件结果时,证据的齐备程度和律师经验可能会与胜诉正相关,是案件的特征,影响预测结果。在前向传播过程中,网络根据这些特征和权重计算出一个预测结果(图像是否是猫、案子是否胜诉)。初始的权重可能是随机给出的,但权重会根据下文描述的计算过程不断更新。

　　(2)损失函数计算。损失函数是用于衡量神经网络预测与实际观测结果之间差异的指标。在图像识别的例子中,损失函数衡量的是神经网络预测的图像内容(比如,是猫)与实际图像内容(比如,不是猫)间的误差。在预测案件结果的例子中,损失函数衡量的是预测的案件结果与实际案件结果的误差。这里的"损失"一词,十分形象,即预测结果相比实际结果而言,损失了多少准确性。可以说,"损失"是贯穿所有监督学习领域的重要概念。

(3)反向传播及权重更新。为了减小误差,算法需要调整和更新模型的权重和激活函数。通过反向传播,我们可以计算损失函数关于权重的"梯度",进而从输出层逐层向上一个输入层传递误差信号。在微积分中,梯度描述的是函数在某一点的最陡峭方向。设想你处在一座山上,无法看清山的全貌,但可以看清自己脚下四周的位置,若想**最快**到达山脚下,显然应该朝着"梯度"**最陡**的方向走。类似地,在损失函数中,梯度能够告诉我们如何调整权重和激活函数以减小误差。例如,算法可能会发现增加图片中间部分像素的权重、减少四周部分像素的权重,会使得图片识别准确性更高;会发现增加律师经验的权重和降低涉案金额的权重能使案件结果预测更准确。在实际运用神经网络模型时,并不需要人为指定每个输入的权重,只需要选好一个激活函数然后设置好算法,计算机会自动从数据集中寻找最优的权重。神经网络模型使用"梯度下降"算法来寻找权重。我们在下一个扩展阅读中进行介绍。

下图展示了神经网络训练和优化的整个过程。通过这四个步骤的循环往复,神经网络能够从输入特征中学习有用的信息,并逐渐提高预测的准确性。

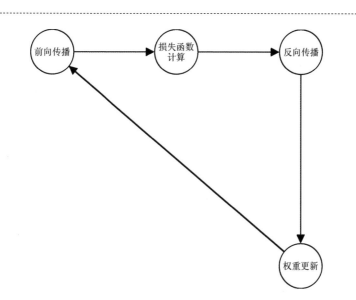

**扩展阅读：神经元是如何从数据集中学习到最优权重的？**

　　实际上，神经网络模型从数据集中学习权重的方法，与回归模型没有本质的差别——他们都试图通过最小化预测值和实际观测值之间的误差，来实现权重的优化与更新。在具体的计算中，神经网络模型通常使用**梯度下降**算法来不断优化权重。

　　梯度下降的原理可以用下面的四幅图来描述。假设我们的目标是找到下图函数中的最小值，那么梯度下降算法会先随机地在整个函数图像上找到一个初始点，例如图中的 A 点。之后计算机会算出 A 点所在位置的切线，然后沿着切线下降的方向移动到 B 点。B 点沿着切线下降的方向再移动到 C 点⋯⋯直到到达某一点处，切线是水平的，没有下降的方向，即为找到最小值。

　　注意，这样找到的最小值，只是局部最优的，而并不一定是全局最优——在以上例子中,即不一定是整个函数的最低点(试想象一个图像呈波浪形的函数)。虽然不一定是全局最优,但这一算法更高效,也足以满足大部分优化的需求。

　　梯度下降算法在神经网络领域也被称作**反向传播算法**。此处不再展开。

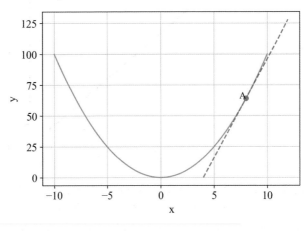

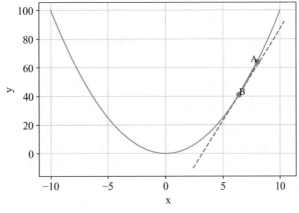

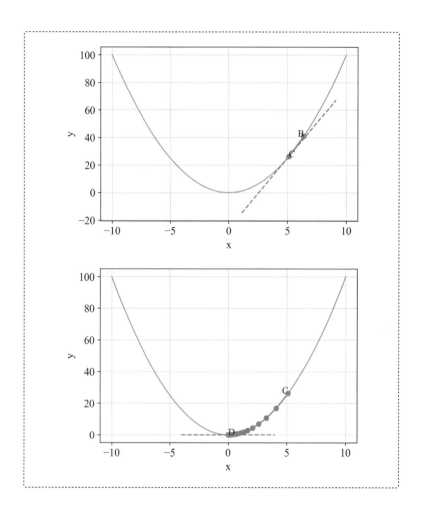

## 四、应用实例：预测行政征收案件判决结果

在本节中，我们使用神经网络模型预测我国行政征收案件的判决结果。具体而言，我们从中国裁判文书网收集了 2014 年至

2020 年全国 46,355 份行政征收案件的裁判文书,并使用一系列自然语言处理方法从中提取了案件的关键信息。我们将其中 80% 的案件随机分配至训练集,用于模型训练;20% 案件分配至测试集,用于模型评价。

预测的因变量是案件判决结果,以"原告是否胜诉"作为衡量。为了便于介绍,这里用于预测的自变量只包括:被告行政机关层级(1 = 乡镇,2 = 县级,3 = 市级)、行政机关负责人是否出庭(1 = 出庭,0 = 不出庭)、被告是否聘请律师(1 = 是,0 = 否)、原告是否聘请律师(1 = 是,0 = 否)、原告是否为公司(1 = 公司,0 = 非公司)以及原告人数。

为了方便对比不同神经网络模型的效果,我们分别采用一个隐藏层和两个隐藏层的神经网络模型进行训练,每层神经元数量都为 10 个。在建模时,选择每层 10 个神经元是出于经验的考虑,因为过多的神经元可能会导致过拟合,而过少的神经元可能会捕获不到数据的所有特征。

如图 6.15 所示,两个神经网络模型的输入层的特征数量一致,都是 6 个,分别为"行政机关层级""行政机关负责人出庭""被告是否聘请律师""原告是否聘请律师""原告是否为公司"和"原告人数"。输入层到隐藏层以及隐藏层之间的函数选择为 ReLU 激活函数,其表达式为 $f(x) = max(0, x)$。这一函数的优点是计算更为简便。我们的目标是预测一个二元类别变量,即原告是否胜诉,因此,输出层只有一个神经元。

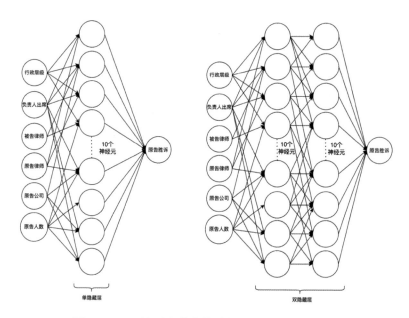

**图 6.15　预测行政征收案件判决结果的神经网络模型**

在上一小节中,我们提到了神经网络模型的工作原理,其核心思想是通过不断地反馈和调整使得损失函数最小化。这里我们选择均方误差(Mean Squared Error,简称 MSE)计算损失函数。均方误差是机器学习问题中常用的一种损失函数,它度量的是模型预测值与实际观测值间差的平方的均值。我们将迭代次数设置为30。通过 30 次迭代,希望能够将损失函数的值稳定下来。图 6.16 展示了单隐藏层神经网络模型和双隐藏层神经网络模型的均方误差随着迭代次数的变化情况。不难发现,通过 30 次迭代,两个模型的损失值都已经基本稳定,表明神经网络模型已经尽可能地与训练数据进行了拟合。

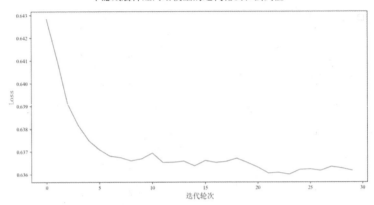

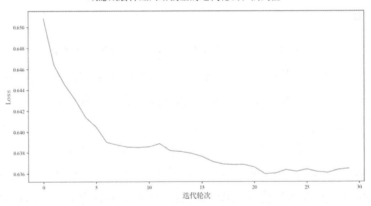

**图 6.16　神经网络模型的迭代轮次和损失值**

如前文所述，即便对于研究者而言，复杂的神经网络模型也是一个黑箱。因此，我们难以阐明每一个神经元、每一个隐藏层是如何工作的。在这里，我们主要关注神经网络模型最后输出的结果。由于是否胜诉是二分类变量，可以用表 6.5 的混淆矩阵展示单隐藏层和双隐藏层神经网络模型预测结果的准确性。

表 6.5　神经网络模型预测结果的混淆矩阵

| 单隐藏层神经网络 | | |
|---|---|---|
| | 预测不胜诉 | 预测胜诉 |
| 实际不胜诉 | 23085(真阴性, TN) | 3747(假阳性, FP) |
| 实际胜诉 | 14552(假阴性, FN) | 4971(真阳性, TP) |
| 双隐藏层神经网络 | | |
| | 预测不胜诉 | 预测胜诉 |
| 实际不胜诉 | 23066(真阴性, TN) | 3766(假阳性, FP) |
| 实际胜诉 | 14526(假阴性, FN) | 4997(真阳性, TP) |

沿用模型评价准则章节介绍的准确率、精确率和召回率的概念,我们可以对单隐藏层神经网络和双隐藏层神经网络模型的预测效果分别进行评价:

$$\text{准确率}_{\text{单隐藏层神经网络}} = \frac{TP + TN}{TP + FP + TN + FN}$$

$$= \frac{4971 + 23085}{3747 + 14552 + 4971 + 23085}$$

$$= 60.52\%$$

$$\text{准确率}_{\text{双隐藏层神经网络}} = \frac{TP + TN}{TP + FP + TN + FN}$$

$$= \frac{4997 + 23066}{3766 + 14526 + 4997 + 23066}$$

$$= 60.53\%$$

$$\text{精确率}_{\text{单隐藏层神经网络}} = \frac{TP}{TP + FP} = \frac{4971}{4971 + 3747} = 57.01\%$$

$$\text{精确率}_{\text{双隐藏层神经网络}} = \frac{TP}{TP+FP} = \frac{4997}{4997+3766} = 57.02\%$$

$$\text{召回率}_{\text{单隐藏层神经网络}} = \frac{TP}{TP+FN} = \frac{4971}{4971+14552} = 25.46\%$$

$$\text{召回率}_{\text{双隐藏层神经网络}} = \frac{TP}{TP+FN} = \frac{4997}{4997+14526} = 25.60\%$$

不难发现,两个模型的预测准确率和精确率区别不大。在召回率方面,双隐藏层神经网络模型要略优于单隐藏层神经网络模型。应该指出,60%左右的准确率并不十分理想——模型的预测准确率仅比抛硬币高出10%。仔细思考,这一较低的准确率并不意外:我们仅使用了六个输入特征对判决结果进行预测,同时,这六个特征都并不涉及案件的法律问题和事实问题。如果这一模型有较高的预测准确率,则说明法律和事实问题在判决中并不重要,这显然不符合事实。实际上,研究者很难对案件的"法律问题"和"事实问题"进行有效提取和编码表达(比如,如何判断原告主张有充分法律依据? 如何判断某一要件事实有证据支持?),这也构成了实践中使用算法预测判决结果的最大难题。

以上结果也说明,神经元和隐藏层的数量并不是越多越好。在以上例子中,单隐藏层和双隐藏层模型的性能十分接近。实际操作中,过于复杂的模型会产生过拟合、训练时间过长、过于耗费计算资源等问题。研究人员通常需要进行一系列的试验来确定最优的神经网络结构。

回到预测问题上来。如果希望对一个新的行政征收案件的判决结果作出预测:该案件中,被告行政机关为乡镇一级,行政机关负责人作为被告出庭,没有聘请律师;原告人数总计20人,并非企业法人,聘请了律师。将这些特征作为输入层输入后,两个神经网络模型均预测该案件原告胜诉。当然,这一预测结果要放到模型整体性能(预测准确性)的背景下加以理解和考虑,即,这一模型的预测结果在多大程度上是准确的,以及,具有这一准确率的模型在实践中是否有用。

# 第七章　自然语言处理和大语言模型

## 一、自然语言处理概述

自然语言处理(Natural Language Processing,简称 NLP)是计算机科学、人工智能和语言学的交叉领域,其核心目标是让计算机处理和生成人类的自然语言。所谓自然语言,指的是人们日常生活中使用的语言,比如中文、英文等。自然语言属于典型的非结构化数据。相比于计算机语言,自然语言包含的信息更加丰富,同时也更加复杂。它的语法、语义和语境都有着复杂的规则,并且每种语言都有其特有的表达方式。人类不同的语言间存在很大的沟通壁垒,这也是巴别塔隐喻的由来。人类语言与计算机语言之间更是如此,而自然语言处理就是机器语言和人类语言之间沟通的桥梁。如图 7.1 所示。

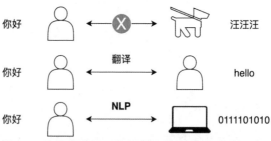

**图 7.1　自然语言处理是人类和机器之间沟通的桥梁**

从 1950 年代起,人们就在研究基于规则体系(专家系统)的自然语言处理方法。即,通过人工设定明确的语法和语义规则来理解人类输入的语言,并建立数据库,从中调取反馈。规则体系中,最基础的是"if...then..."规则——如果发生了某种情况,则运行某条指令。基于规则体系的自然语言处理方法,目前仍有着十分广泛的应用。比如,各种 APP 的官方客服一般都采用自动问答系统。这些问答系统大多基于一定的规则体系和商家提前建立好的"问题—回答"数据库。当你询问客服"如何退货"时,自动问答系统识别出了"退货"这一关键字,并从数据库中选择最能对应"退货"问题的答案,进行作答——"如要退货,请点击这一链接……"。

上述基于"if...then..."规则和数据库的自然语言处理方法,大体上属于专家系统的范畴。1990 年后,机器学习方法在自然语言处理领域得到了越来越多的应用,特别是,从 2010 年代中期开始,深度学习开始在自然语言处理领域大放异彩。深度学习模型如递归神经网络(RNN)和 Transformer 等已经广泛应用于各种各样的自然语言处理任务,如机器翻译、文本分类、情感分析、语言生成等。可以说,自然语言处理的应用领域十分广泛。这里我们列举几个常见任务:

**信息提取与命名实体**。信息提取是从非结构化的文本数据中提取有用信息的过程,包括识别关键词语、识别主题,以及识别文本中特定类型的信息。命名实体识别(NER)是信息提取的一种特殊类型,它试图识别文本中的具体实体,如人名、地名、公司名等。例如,算法将新闻报道中的"阿里巴巴"识别为一个公司名,将"马云"识别为一个人名。信息提取有助于将自然语言结构化,并作进一步的数据分析。比如,可以基于全国刑事裁判文书,提取其中的案由、犯罪情节、当事人信息，以分析全国的刑事裁判情况；可以提取微博用户关于股市甚至是个股的评论，预测股价走向。

**文本分类和情感分析**。文本分类是将文本分配到一个或多个预定义的类别中的过程。例如，将新闻分类为"体育""政治""娱乐"等类别。显然，这项技术的应用领域众多，包括邮件分类和垃圾邮件过滤、社交媒体内容分析和监管等。情感分析可以理解为文本分类的一种特殊形式，它用于确定一段文本的情绪色彩。例如，如果一家餐厅收到评论"食物美味，服务热情"，机器可以将其分类为带有"积极情绪"的评论；如果收到"出品欠佳，服务质量差"，则将其分类为"负面意见"评论。

**句法分析和语义理解**。句法分析关注文本的结构和语法规则，其基本任务是分析文本中词语之间的关系，并形成一个结构化的表示。例如，句法分析算法能将句子"小明打开了窗户"分析为一个主谓宾结构，其中"小明"是主语，"打开"是谓语，而"窗户"是宾语。显然，句法分析在检测语法的过程中具有重要作用。语义理解是指理解文本的含义和其中所传达的信息。它超越了单纯的词汇和句法结构的分析，尝试理解文本中的实际意图和含义。例如，对于句子"法院认为该行为属于合同欺诈，判处被告有罪"，语义理解不仅识别出这是一起法律判决，还能理解法官因为判断被告实施了合同欺诈而判定被告有罪，即能够理解句子中的因果关系。

很多时候，简单的自然语言处理就能帮助人们得出较有意义的发现。比如，我们收集了《人民法院报》自 2010 年至 2022 年刊发的所有文章和报道（共 27505 篇），用以研究我国法院工作的变化趋势。使用一系列自然语言处理方法后，我们将这些文本数据结构化,并统计了一些重要主题的词频(相关词汇量占总词汇量比例)。如图 7.2 所示,自 2010 年以来,涉及"司法改革"和"环境保护"的词汇,出现频率大为上升。显然,在这十几年间,人民法院非常重视司法改革和环境保护工作。同时,"司法改革"相关词汇的出现频率在 2015 年至 2017 年达到高峰,在 2018 年以后趋于平缓。这说明改革的高峰时期是 2015 年至 2017 年左右。而"环境保护"相关词汇的出现频率则一直呈上升态势,说明人民法院对环保工作的重视程度与日俱增。

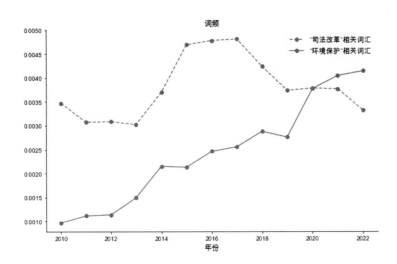

**图 7.2　《人民法院报》"司法改革"和"环境保护"词频变化**

注:"司法改革"相关词汇包括:统一、规范、责任、巡回、试点、员额、责任制、集中、配置、职业化、人财物、统管、财物、编制、入额、集中统一。

"环境保护"相关词汇包括:生态、生态环境、环境保护、环保、污染、绿色、环境污染、农业、野生动物、污染环境、公益、公共利益、海洋、生物、自然资源、环资。

## 二、自然语言处理的步骤和技术

### 1. 文本预处理

自然语言处理的第一步是对原始文本数据进行清理和规范化,这个步骤叫作文本预处理。预处理的目的是减少后续分析中不必要的噪声,并使文本数据适应特定的分析任务。首先,需要进行文本清理,即去除所有可能干扰机器理解文本的元素。比如,我们可能会遇到一些带有 HTML 标签的文本,或者一些混有特殊字符和符号的文本。这些元素对于理解和分析文本的含义没有帮助,需要在预处理阶段将其去除。例如,假设有一段文本:"这部电影怎么样? <br/> 非常棒!"在文本清理阶段,会将"<br/>"这种 HTML 标签去除,让文本变成:"这部电影怎么样? 非常棒!"

其次,在完成清理后,需要对文本进行分词。分词是将文本分割成词语或者短语的过程。例如,对于句子"我爱北京天安门",分词结果是"我/爱/北京/天安门"。与英文等使用空格作为单词分隔的语言不同,中文是连续书写的,词语之间没有明显的分隔,这就使得分词在中文处理中面临着较大的挑战。例如,对于"乒乓球拍卖了"这样一段文本,既可以切分为"乒乓球/拍卖了",也可以切分为"乒乓球拍/卖了"。这两种切分方式在逻辑上都是合理的,其含义却大不相同。有很多研究者在这一领域做了大量工作,形成了一些惯用的分词数据库。在中文领域,Jieba 是最受欢迎的分词库之一,它能够快速准确地实现基础分词、自定义词典分词、并行分词等任务。

最后,分词之后,还需要移除一些频繁出现但并不具有太大实际意义的词汇,即停用词( stop words )。在中文领域,典型的停用词包括"的""是""在"等。这些词通常仅在语法结构中起到连接作用,对于分析文本的表达内容并无太大帮助。因此,移除停用词可以减小计算量,提高模型的处理效率和准确性。常用的停用词移除方法是创造一个停用词列表,在处理文本时,计算机会逐词检查,如果发现某个词在停用词列表中,就将其从文本中去除。

2. 特征提取

特征提取是自然语言处理中的一个重要步骤,它的目的是将非结构化的文本数据转化为结构化的数据,以便机器学习算法进行处理。大致来说,特征提取的任务就是将文本转化为数值(也即特征)进行表示,这些特征能够捕捉到文本的主要信息。词袋模型(Bag of Words,简称 BoW)是最常见的一种特征提取方法。在这个模型中,一段文本(可以是一句话、一段话,或者一篇文章)被表示为一个词汇的集合,不考虑词序,每个词汇的出现都被视为一个特征。

举例而言,假设有以下三段文本,分别是"我爱北京""我爱上海""上海是一个大城市"。针对这些文本,可以生成词汇表:{"我","爱","北京","上海","是","一个","大城市"}。以上每段文本都可以用一个包含 7 个元素(特征)的向量来表示,向量中的每个元素对应词汇表中的一个词。如果这个词在文本中出现,那么向量中对应的元素就是 1,否则就是 0。据此,三段文本可以表示为表 7.1 中的向量。不难发现,如果某个位置出现了对应词汇,则该位置就会被赋值为 1,例如在"我爱上海"中,第 1、2、4 位置上的值出现了对应的字符,因此其向量就在对应位置上赋值为 1,其余为 0。

表 7.1　词袋模型示例

| 原始文本 | 基于词袋模型生成的向量 |
| --- | --- |
| "我爱北京" | $[1, 1, 1, 0, 0, 0, 0]$ |
| "我爱上海" | $[1, 1, 0, 1, 0, 0, 0]$ |
| "上海是一个大城市" | $[0, 0, 0, 1, 1, 1, 1]$ |

词袋模型可以将自然语言表达为数值特征,在此基础上,可以计算两句话(或者两段话、两个文本)的相似度,进而分析他们是否在讨论同一主题。感兴趣的读者,可以尝试计算以上三段文本两两之间的欧氏距离或是夹角余弦值(第五章曾介绍),看看算法认为哪两段文本更为相似。

当然,用词袋来表达语言有很多缺陷。比如,由于每个词都要用一个变量表示,当词汇量大时,数据维度(变量数)将特别高,计算量会极大;同时,这种表达方式也无法刻画词义间的远近。举例而言,在词袋模型中,"喜欢"与"喜爱","国王"与"女王",都是语义完全无关的词汇。这当然不利于实现计算机对语言的深度理解。

更近期的自然语言处理一般基于词嵌入(word embedding)技术来表达语言。词嵌入是一种表示词汇的方法,它能捕捉到词语的语义信息,以及词语之间的关系。具体来说,词嵌入是将每个词映射到一个高维空间的向量,使得语义上相似的词在这个空间中的距离较近。试想,可以有一个虚拟的"水果"维度。在这个维度上,"苹果"和"香蕉"都有很高的值,因为它们都是水果,而"电脑"在这个维度上的值就很低。同样,可能也有一个"科技产品"的维度,这时候"电脑"的值会很高,而"苹果"和"香蕉"的值就会很低。如表 7.2 所示。

表7.2 词嵌入技术下的语义信息表达

| 维度 | 苹果 | 香蕉 | 电脑 | 手机 |
|---|---|---|---|---|
| 维度1:水果 | 0.98 | 0.97 | 0.04 | 0.03 |
| 维度2:食物 | 0.89 | 0.91 | 0.07 | 0.05 |
| 维度3:科技产品 | 0.13 | 0.14 | 0.92 | 0.95 |
| 维度4:与人类有关 | 0.54 | 0.57 | 0.77 | 0.83 |
| …… | | | | |

在实际的词嵌入模型中,一般不会先行定义这些维度(例如,"水果"或"科技产品"维度),而是要让模型自行学习数据并发现维度。模型会查看大量的文本数据,然后尝试找出哪些词语经常一起出现。词语一起出现得越频繁,模型就认为他们在语义上越接近,因此在高维空间中的向量也越接近。这就是词嵌入背后的基本原理。通过这种方式,词嵌入可以捕捉到词语的许多语义特性,如它们的类别(例如,"苹果"和"香蕉"都是水果),它们的属性(例如,"苹果"通常是"红色"或"绿色"的),甚至它们的类比关系(例如,"男人"之于"女人"的距离与角度,和"国王"之于"女王"的距离与角度是一致的)。由于词汇有了向量表示,还可以对词汇进行计算。比如,"国王-性别(男)+ 性别(女)= 女王"(见表7.3)。这使得计算机可以理解词汇之间的关系。

表7.3 词嵌入技术下词汇的语义关系示例

| 维度 | 国王 | 女王 | 战士 | 老虎 |
|---|---|---|---|---|
| 性别(男) | 1 | 0 | 1 | 0.5 |
| 统治者 | 1 | 1 | 0 | 1 |

（续表）

| 维度 | 国王 | 女王 | 战士 | 老虎 |
|---|---|---|---|---|
| 人类 | 1 | 1 | 1 | 0 |
| …… | | | | |

当然,算法自行找到的,一般并不真是这些具有明确含义的维度;或者说,算法理解的词义的特征,与人类所理解的一般并不相同。人类也很难从事后的角度解释算法找到的各维度都代表了什么具体含义。如表7.4所示,人们很难知道算法找到的各个维度都意味着什么。

表7.4　词嵌入技术下词汇的语义关系

| 维度 | 国王 | 女王 | 战士 | 老虎 |
|---|---|---|---|---|
| 维度1 | 0.79 | 0.34 | 0.82 | 0.53 |
| 维度2 | 0.64 | 0.76 | 0.12 | 0.93 |
| 维度3 | 0.92 | 0.93 | 0.85 | 0.13 |
| …… | | | | |

3. 建立模型

有了特征向量(词嵌入)后,可以建立模型,从词汇中学习,完成诸如文本分类、情感分析、文本生成等特定任务。以文本分类为例,我们可以构建区分微博中的正面评论和负面评论的算法:第一,将一定数量的评论(比如,一千条)人工标记为"正面"和"负面",作为结果变量。第二,将评论文本转换为特征向量——这一步在特征提取阶段完成。第三,使用一定的机器学习方法,对数据进行学习,使其理解哪些特征更可能出现在正面评论中,哪些特征更可能出现在负面评论中。这里我们可以使用自然语言处理中常用的支持向量机(SVM)模型,也可以使用各种深度学习模型,包括第六章介绍的基础神经网络模型,或是递归神经网络(RNN)和长短期记忆网络(LSTM)等方法。

自然语言处理中的模型各式各样,适用于不同的任务,我们无法一一列举。在这里,我们要特别介绍语言生成模型(Generative Model)——它是后文将要介绍的大语言模型的基础。语言生成是人类每天都做的事情。说话或者写作时,人们会思考如何选择合适的词语和语法,如何构造句子,以使得表达更为准确、生动。这个过程就是语言生成过程。在自然语言处理中,生成模型尝试模拟这个过程,生成新的、有意义的文本。

早期的自然语言处理,通常用统计模型来生成语言。其中最著名的例子是隐马尔可夫模型(HMM)。隐马尔可夫模型用词汇出现的概率来预测下一个词,进而进行语言生成。举例而言,人们可以询问模型,"你现在有什么感受?"对此,模型的任务是预测(即生成)句子"我感到＿＿"中的空缺词。在此前的训练中,模型已经查看过大量的文本数据,并发现"我感到开心"比"我感到汽车"出现的频率高出许多。因此,模型将选择"开心"作为预测词。

再举一例:假设全人类写过且仅写过以下句子(即,模型用以学习的语料数据库中,仅有以下句子):

给每一条河每一座山取一个温暖的名字

陌生人,我也为你祝福

愿你有一个灿烂的前程

愿你有情人终成眷属

愿你在尘世获得幸福

**我只愿面朝大海,春暖花开**

这时,我们让模型根据过去的语料来写新的句子。随机给定第一个字——假设第一个字是"愿",这时,机器会发现,以往的语料库中有三处"愿"字,而其后全都伴随着"你"字(换句话说,"你"字伴随"愿"字出现的概率是100%)。进而,机器将预测,"你"字会跟随"愿"字出现,并生成"愿你"这一词组。

"你"字之后,则较为复杂,包含了"祝福""有""有情人""在"等词汇,每个词出现的概率也一致,都为25%。这时,机器只能随机选取一个词,作为生成的下一个词汇。以此类推,机器每次都选取概率最高的词汇,我们便有了一个最简单的语言生成模型。

在现实中,语言生成的逻辑会根据任务的不同而变得更为复杂,比如,要训练一个语言生成模型进行诗歌写作,要将大量的诗歌输入到模型中。这时,模型将学习这些诗歌中的模式,特别是常见的词汇和句子结构。譬如,生成模型可能会发现"月亮"和"思念"常常在诗歌中一起出现,那么在生成新的诗句时,模型也会在一个句子中同时使用"月亮"和"思念"。通过不同的组合,生成模型可以创造出全新的文本,而不仅仅是复制和重组输入的文本。

更重要的是,当学习的文本量足够大时,模型还可能学到诗歌的韵律——模型可能会发现,诗歌的每一句最后一字,都与上一句最后一字的韵母相同;或者,模型只是发现,有些字经常成对地出现在两个句子的最后——这就是机器理解的"韵脚"。可以看到,这时模型所依据的就不仅仅是上一个词,而是一句话以前的词。这显然对模型的要求更高,或者说,模型要考虑的学习样本数和变量数变得更多了——从此前的一个词,变成了此前的多个词,变量数目更是增加了许多。

2023 年,ChatGPT 风靡全球,让人们直接体验了语言生成模型的力量。GPT 模型背后的数学基础早已经超越了简单的隐马尔可夫模型。不过,其基本原理仍然类似,大体而言,都是基于以往人类文本中出现的语言,预测每个词(或每个句子、每个文段)后面的下一个词是什么——预测,也即生成。在 GPT 模型进行语言问答时,最初的词汇便是用户的提问(即"提示",prompt),模型根据提问来生成后续的语句。

## 三、大语言模型

### 1. 大语言模型概述

2022 年 11 月 30 日,OpenAI 公司发布了 ChatGPT,仅两个月后,月活跃用户便突破 1 亿。ChatGPT 像是有着能够思考的大脑——用户在对话框里输入问题,可以获得合情合理的答案,像是在与一位饱学之士对话一般。ChatGPT 的成功让其背后的大语言模型(Large Language Model,简称 LLM)"飞入寻常百姓家",让普通用户深刻感受到人工智能可能带来的变革。在这里,我们简要介绍大语言模型的能力、构建大语言模型的关键技术和步骤,以及如何使用大语言模型资源。

大语言模型指包含数百亿或更多参数的语言模型,其前身是预训练语言模型。相比于此前的语言模型,大语言模型大幅扩展了模型体量、预训练数据量和总计算量,可以更好地根据上下文理解自然语言并生成高质量的文本。这种在小模型中不存在但在大模型中出现的能力被称作"涌现能力"。GPT-3.5 等大语言模型有一些很突出的涌现能力。首先是上下文学习能力。在对话的过程中,ChatGPT似乎是有"记忆"的,即它会考虑此前已发生的对话内容,并将其作为背景知识运用到此后的交互当中。

"涌现能力"也体现在逐步推理能力上。小规模语言模型通常难以解决涉及多个推理步骤的复杂任务,例如求解数学中的分步证明问题。然而,通过采用"思维链"(Chain-of-Thought,简称CoT)推理策略,大语言模型可以使用包含中间推理步骤的提示机制来完成任务,得出答案。举例而言,如果让ChatGPT直接起草房屋租赁合同,它的表现可能会不尽如人意。但是,我们可以通过不断引导,让其逐步完成任务。比如,可以先让ChatGPT起草一份房屋租赁合同的大纲,而后让它根据大纲进行内容上的细化输出。这时,模型生成的租赁合同质量会大幅提升。大语言模型的这种逐步推理能力与人类颇为相似——人类面临复杂工作任务时,采取的策略往往也是先将任务进行分解,再逐个击破。

2. 训练大语言模型的关键步骤

我们在介绍神经网络模型时谈到,很多模型过于复杂,其内部如何运作,即便开发者也不得而知——这就是为什么人们称复杂的神经网络模型为"黑箱"模型。大语言模型是神经网络模型的一种,或者说,大语言模型基于神经网络模型而产生。至于大语言模型为何会出现上述"涌现能力",很大程度仍然是个谜。在这个意义上,机器似乎出现了人类难以理解的"智能"。

在这里,我们简要地对构建大语言模型的关键技术步骤进行介绍。一般来说,要开发一个类似于GPT的大语言模型,离不开以下几个关键步骤:

(1)构建语料库。语料库是用来训练语言模型的大型文本集合。它的规模和质量直接决定了语言模型的性能。简单来说,如果想让模型学习如何理解和生成人类的语言,那么就需要给它提供大量的人类语言数据进行训练。以 GPT-3 为例,其训练语料库包括大量的互联网网页和对话文本以及图书资料文本。这些文本来源丰富、涵盖各种主题,使得 GPT-3 能够理解和生成多种类型和风格的语言。

(2)预训练。预训练的目标是让模型学习人类语言的基本规则和结构。模型通过大量的文本数据学习语言的规则,这些规则包括词汇、语法、句子结构,甚至是具有复杂语境的概念。在预训练后,模型得以预测某个语句的后一个词(或者是语句中任何缺失的词)。实际上,这就是在上文"自然语言模型构建"中介绍过的过程。

(3)能力引导。在大规模语料库上进行预训练后,大语言模型已经具备了初步的理解和生成文本的能力,但此时的大语言模型可能并不能很好地胜任一些特定的任务。就此,可以设计更为细化的任务指令,或者设计更为专业化的上下文学习策略,进一步激发模型的能力。举例而言,假设想让语言模型进行法律问答和法律咨询,在能力引导阶段,就需要让模型多学习法律文本,如裁判文书和法律意见。换句话说,这些裁判文书和法律意见就是模型在能力引导阶段的训练数据。在这个过程中,模型将学习如何像法官和律师一样说话和写作。

(4)对齐微调。大语言模型的原始数据是文本,反映的是人类的思想。人类思想中当然包含了大量的有用信息,但也不乏各种各样的偏见和谬误。比如,以往的人类语言中充满了对女性和少数族裔的歧视——我们当然不希望模型将这些歧视复制和再次生成出来。为了解决这一问题,一般需要对模型进行"微调"(fine tuning)。常用的微调方法是人工对语言模型生成的文本进行标注,区分正常回答和有害回答,并训练模型在语言生成时排除有害回答(例如,将歧视性的回答标记为有害回答,进而在语言生成时加以排除)。

语言模型还经常出现的"幻觉"(hallucination)现象,此时,也需要微调模型以应对。由于大语言模型是生成模型——它的任务是生成语言,而不是检索和调用以往的准确信息,因此,语言模型生成的文本中常会包含一些不实信息,人们称其为模型的"幻觉"现象。例如,向 ChatGPT 提出法律问题,它可能会编造出现实中并不存在的法条作答;让 ChatGPT 提供答案出处,它也常编造出并不存在的网页链接。这是因为,语言模型的底层技术只是预测语言,而不是给出正确的答案。大语言模型这种"幻觉"症状,目前仍然很难在技术上得到彻底解决。微调模型可以减缓这一问题,但并不能将之根除。这也是法律和医疗等专业领域大语言模型遇到的主要难题。

(5)工具拓展。语言模型基于文本,擅长文本生成,但在那些不适合以文本形式表达的任务上表现不佳(例如,数字计算)。同时,语言模型的能力也受限于预训练数据的范围、规模和质量。比如,GPT3.5 的训练数据截止至 2021 年,因此无法提供 2022 年及以后的最新信息。工具拓展可以在一定程度上弥补语言模型的这些缺陷。例如,ChatGPT 已经实现了使用外部插件进行网页浏览的功能。这相当于为 ChatGPT 赋予了连接互联网的能力,从而使其能够获取最新的信息。这些拓展工具像是语言模型的"眼睛和耳朵",有效提升大语言模型的能力。

## 四、应用实例：法律大语言模型

文本是法律的表达方式,生成文本("写文件")是法律领域的核心工作。无论是法官、检察官、律师、企业法务等法律工作者,还是签订合同、参与诉讼的普通人,都是以文本为媒介处理法律问题。ChatGPT 面世以来,不少人都期待着大语言模型在法律领域的应用。人们希望大语言模型可以回答法律问题、完成法律检索、帮助起草合同、辅助撰写判决,等等。截至本书写作之时,已有不少法律领域的生成式人工智能产品发布,大语言模型似乎很快就要改变法律工作的面貌。

不过,ChatGPT 等通用型大语言模型没有针对法律领域进行优化,因此很难胜任专业性较强的法律任务。一般而言,如果向 ChatGPT 提出法律问题,它只会给出逻辑基本正确但十分笼统的回答,并且最后建议"咨询专业律师的意见并了解相关法律规定"。例如,向 ChatGPT(GPT3.5)提问:"债务人没钱,起诉有用吗?",它的大体回答是:

> 在债务人没钱的情况下,起诉是否有用需要具体情况具体分析。一般来说,如果债务人确实没有能力还款,即使起诉也难以追回欠款。但是如果债务人确实有还款能力却拒绝还款,且债权人可以提供充分的证据来证明债务人存在欠款行为,此时起诉仍然是有必要的。在法律程序方面,债权人可以依照有关法律规定,向法院申请强制执行措施,如冻结债务人的银行账户、查封资产等,从而促使债务人履行还款义务。但是这些措施需要考虑到实际情况和法律规定,并且存在着一

定的法律程序和限制，因此建议债权人在采取任何强制措施之前，应当咨询专业律师的意见并了解相关法律规定。

这样的回答大体正确，但显然专业性不强。律师给出的法律意见，需要具体明确，并以法律规则和案例为依据，而不能是正确但模糊的"废话"。例如，如果用户接着提问"民间借贷受法院保护的利率是多少？"专业的法律意见不能只给出笼统答案，而是需要依据《最高人民法院关于审理民间借贷案件适用法律若干问题的规定（2020年）》第二十五条的知识进行回答（"出借人请求借款人按照合同约定利率支付利息的，人民法院应予支持，但是双方约定的利率超过合同成立时一年期贷款市场报价利率四倍的除外。"）。

要让大语言模型具备解决法律专业问题的能力，就需要向模型注入法律知识。有两种办法可以让模型学习法律知识：预训练和微调。预训练是将已有的大语言模型在大量的法律文本语料（法律法规、裁判文书、法律意见书，等等）上进行二次训练，让模型可以学习到法律领域的自然语言表达、词义和语法规则等知识。一般而言，预训练需要较大的文本数据集以及较大的计算资源，以实现模型训练。微调是指在预训练模型基础上，使用相对较小的数据集，针对特定任务进行模型调优。例如，针对法律问答任务，可以利用法律咨询网站上的律师问答数据进一步训练模型。微调需要的数据量和计算资源都相对较少。预训练和微调既可以分别使用，也可以一起使用，先预训练，再进行微调。

这里我们采用微调的方法，尝试优化通用大语言模型在法律领域的表现。我们选择了 ChatGLM-6B 作为基础的大语言模型。ChatGLM-6B 是一个开源的、支持中英双语的对话语言模型,基于与 ChatGPT 类似的通用语言模型(General Language Model)架构,具有 62 亿参数。① 我们采用 P-tuning-v2 方法进行微调,该方法将冻结 ChatGLM-6B 模型的参数,在 ChatGLM-6B 模型上进行微调。由于只是微调,而不是重新训练大模型,因此其速度较快。② 微调采用的训练数据是随机选取的 6 万条行政诉讼裁判文书。表7.5 简要展示了微调前后,大语言模型生成文本的质量:

表 7.5　微调前后大语言模型在法律场景中的应用效果

| 问题 | 行政诉讼中如何申请证据保全? |
|---|---|
| ChatGLM-6B | 在行政诉讼中,被告对于案件证据存在异议时,原告可以向法院申请证据保全。证据保全是指对证据进行暂时的限制、转移或排除,以确保证据的真实性和合法性,为后续审判提供依据。<br>申请证据保全的具体流程如下:<br>1. 原告向法院提交证据保全申请书,并说明证据保全的理由和证据清单。申请书应当包括以下内容:(1)原告的诉讼请求;(2)证据保全的理由;(3)证据清单;(4)证据的名称、来源、清晰度等信息。<br>2. 法院对证据保全申请书进行审核,符合证据保全条件的,裁定证据保全。<br>3. 原告在证据保全期间可以对被保全证据进行补充、变更或销毁,但不得影响证据的真实性和合法性。 |

---

① ChatGLM-6B 的更多信息参见:Aohan Zeng, Xiao Liu, Zhengxiao Du, Zihan Wang, Hanyu Lai, Ming Ding, Zhuoyi Yang, Yifan Xu, Wendi Zheng, Xiao Xia, and others, 2022, "Glm-130b: An Open Bilingual Pre-Trained Model", *arXiv Preprint arXiv*: 2210.02414。

② 关于微调方法可参考:P-Tuning V2, 2023, https://github.com/THUDM/P-tuning-v2。

（续表）

| 问题 | 行政诉讼中如何申请证据保全？ |
|---|---|
| ChatGLM-6B | 4. 证据保全期间结束后，原告应按照法院的要求及时提交证据清单，并提供相关证据。<br>5. 如果证据保全申请被拒绝，原告应当不服，可以在案件审判过程中提出新的证据保全申请。<br>需要注意的是，证据保全申请必须合理、充分，否则可能会影响案件的公正审判。因此，原告在申请证据保全前应当充分咨询专业人士，了解相关法律规定和程序要求，以确保申请的合理性和合法性。 |
| 微调后的ChatGLM-6B | 依照《最高人民法院关于行政诉讼证据若干问题的规定》第五条之规定，当事人在诉讼中申请证据保全，应当提交证据保全申请书。证据保全申请书应当明确下列事项：（一）被诉行政行为及起诉事项；（二）证据的来源及证明目的；（三）证据的种类、数量及编号；（四）证据保全的原因；（五）证据保全的程序。当事人提交证据保全申请书，应当附相关证据材料。当事人在诉讼中申请证据保全，经人民法院审查认为证据保全申请符合上述规定的，应当准予证据保全。当事人未能提交证据保全申请书，但能够提供相关证据材料证明其申请证据保全的事实的，人民法院也可以准予证据保全。当事人未提供证据材料证明其申请证据保全的事实，但其能够提供相关证据材料证明其申请证据保全的原因的，人民法院也可以准予证据保全。 |

　　我们向模型提出的问题是："行政诉讼中如何申请证据保全？"可以看出，在微调优化后，模型的回答在形式上更加贴近法律用语，显得更加专业。

　　但是，微调也导致模型产生了严重的"幻觉"（hallucination）问题。所谓"幻觉"，就是模型生成的内容在表面上显得严肃专业、头头是道，但是其实质内容上却是在胡编乱造——通俗地说，就是"一本正经地胡说八道"。在上方的测试问答中，微调后模型的回答所依据的法律条文有明显错误——《最高人民法院关于行政诉讼证据若干问题的规定》第五条原文是："在行政赔偿诉讼中,原告应当对被诉具体行政行为造成损害的事实提供证据。"甚至可以说,是模型在"编造"法律。编造法律法规、编造案例的错误,在其他模型中同样存在。美国一位律师使用 ChatGPT 编写的法律文件,引用了四个并不存在的虚假案例,导致律师受到法庭的处罚。①

"幻觉"错误很难被彻底消除,因为它根源于大语言模型的训练原理。如本章前文所介绍,大语言模型是基于统计学习的生成模型,通过对文本数据的学习,预测下一个可能出现的单词或句子,从而完成对话和文本的生成。在这个过程中,模型会根据预先训练好的统计模型和概率分布,从训练集中选择下一个最适合的词汇,不断生成新的对话内容。如此训练的模型在形式上会显得通顺,但是在内容上却可能出现事实错误。

那么,应该如何解决大语言模型在法律领域面临的幻觉错误呢？一种可能的方案是结合搜索引擎,构建法律知识库,再结合生成式模型,完成法律问答。这也是业界目前采用的主流技术方案。这个方案首先需要明确划定知识范围,将大语言模型的回答限制在该范围以内。在法律领域,可以将知识的范围限制在法律法规、司法解释、判决案例、法律意见书等文件以内,迫使模型的回答不超出该范围。这样一来,就可以减少模型"编造"法律的现象。然后,可以利用搜索引擎技术,在知识库中检索与指令(问题)最相

---

① See Benjamin Weiser, and Nate Schweber, 2023, "The ChatGPT Lawyer Explains Himself", *The New York Times*.

关的信息，并作为回答的参考。最后，将指令和相关信息一起输入模型，由模型生成回答。知识库的方案使模型完成实事求是的"阅读理解"任务，而不是天马行空的文本生成任务，进而最大程度减少"幻觉"现象。

我们测试了知识库的技术方案，取得了不错的效果。在此，我们仍然以 ChatGLM-6B 作为基础模型，由该模型来生成问答。我们构建的知识库则涵盖了大约 1400 部法律文本，基本覆盖了我国常见的法律、法规、规章和司法解释。

我们的测试问题是："在线调解需要遵循哪些原则？"知识库模型的回答是："在线调解需要遵循以下原则：1. 当事人平等自愿：在线调解需要尊重当事人的意愿，确保调解的公正性和合法性。2. 尊重当事人诉讼权利：在线调解不能替代诉讼，调解必须在当事人达成书面协议后，才能作为诉讼的附件。3. 不违反法律、法规的禁止性规定：在线调解必须遵守法律法规的规定，不得违反法律规定进行调解。4. 不损害国家利益、社会公共利益和他人合法权益：在线调解不得损害国家利益、社会公共利益和他人合法权益，确保调解的公正性和合法性。5. 调解过程和调解协议内容不公开：在线调解过程和调解协议内容不得公开，确保调解的私密性和保密性。"知识库模型还给出了《人民法院在线调解规则》《最高人民法院关于人民法院特邀调解的规定》的相关条款作为依据。可以看到，知识库模型基本保证了回答的准确性，避免了"幻觉"问题。

总体而言，大语言模型的发展方兴未艾，虽然眼下还有一些技术难点，但其在法律领域仍然有广阔的发展空间。相信在不远的未来，生成式人工智能将会给法律领域的研究和实践带来更为深刻的改变。

# 第八章　从预测到推断：相关关系和因果关系

## 一、相关关系不等于因果关系

1665年至1666年,伦敦爆发了一场大规模瘟疫,造成了超过八万人死亡,占当时伦敦人口的约五分之一。这场瘟疫在后来被确认为是淋巴腺鼠疫,是由鼠疫杆菌造成并以鼠蚤为主要传播媒介的烈性传染病,感染者的症状主要表现为发热、淋巴结肿大、出血等,得不到医治的患者在短时间内就会死去。由于感染者的肢体局部发黑,鼠疫也被称作黑死病,早在十四世纪就夺走了欧洲约三分之一的人口。

在1665年5月前,伦敦死于鼠疫的人数几乎为0,而瘟疫的传播速度之快,使得7月最后一周的死亡人数便超过了2000人。当时医学的落后和民众的恐慌使许多关于瘟疫源头的猜测竞相流传。其中,"动物传播说"认为猫和狗是瘟疫传播的元凶,这一理论也因为神学的解释和民众的迷信得到了不断强化。基于这个认识,当时的伦敦市长和行政官员推行了一系列遏制瘟疫的法律政策,包括下令扑杀伦敦城内所有的猫和狗,试图从源头上阻止瘟疫的传播。数万只猫和狗就此被扑杀、死去。只是,事与愿违,瘟疫并没有被遏制。在 1665 年 9 月，伦敦每周平均死亡人数便超过了 6500 人。

平心而论，伦敦政府并不武断，决策时甚至颇有科学精神和数据依据。当时的科学家通过统计伦敦各区域、各街道的情况发现，猫和狗数量越多的地区感染瘟疫的人数便也越多，猫狗数量与感染人数有很强的关系。基于这一数据，伦敦政府才最终作出了扑杀的决定。如果我们带着机器学习的算法回到过去，使用回归分析、决策树、神经网络，也会发现，猫狗的数量能够很好地**预测**黑死病的严重性。

人类对传染病的研究和理解日益深入。在今天看来，当时的认识当然存在很大的错误。如图 8.1 所示，左图代表了当时科学家和政府的观察和认识：猫的数量和感染瘟疫的人数呈正相关，这意味着猫越多，感染瘟疫的人越多。右图表示实际的因果关系：鼠蚤吸食了受感染的老鼠的血后叮咬人类，造成了瘟疫的传播，因此老鼠的数量会对感染瘟疫的人数造成影响；老鼠的数量越多，鼠蚤的数量也会越多，感染瘟疫的人数自然也就越多。与此同时，捕捉老鼠是猫的天性，因此，老鼠越多的地方，猫往往也就越多。在 1665 年的伦敦，人们并没有意识到老鼠的增多同时带来了瘟疫的传播和猫的增多。错误的因果推断带来了错误的决策，错杀了无数只无辜的猫。更让人惋惜的是，由于猫是老鼠的天敌，猫的数量减少导致了老鼠数量的进一步增多。扑杀猫狗的政令不仅未能遏制瘟疫，反而使瘟疫的传播更加迅猛，更多民众因此死去。

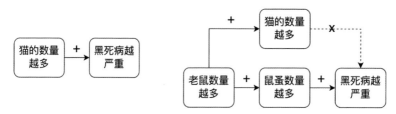

**图 8.1　伦敦政府眼中的"因果关系"与真实的因果关系**

1665 年到 1666 年的伦敦大瘟疫是英国历史上最后一次大规模的鼠疫,但这远不是人类与传染病斗争史的终结,2020 年一场由新型冠状病毒引起的疫情席卷全球,改变了人们的生产和生活方式。2020 年 7 月 6 日,时任美国总统特朗普在社交媒体上发文称,美国新冠病毒感染人数的上升是因为检测量的提高,而非新冠病毒本身的严重扩散——检测的增多是感染人数增多的原因,令人哑然。显然,这是另一个错误地从相关关系推断因果关系的例子。

在法学领域,同样可以发现,如果只是关注数据之间的相关关系而不去探究事物背后的因果逻辑,人们很容易得到令人不解的结论。表 8.1 展示了我们根据裁判文书数据计算得到的部分省市合同纠纷案件数据。在这些案件中,原告可以选择聘请律师或不聘请律师。数据显示了全部案件中原告总的胜诉率,以及原告聘请了律师时的胜诉率。直观来看,我们很容易得出原告聘请律师反而更容易输掉官司的结论。比如在北京,在所有案件中,原告的胜诉率是 98.6%,但是在聘请了律师的案件中,原告胜诉率却下降了 0.2%。如果把相关关系等同于因果关系,那么就会得出"聘请律师导致案件胜诉率降低"这样的结论。这一结论显然难以让人信服。事实上,往往是在更为复杂、更难获胜的案件中,原告才倾向于聘请律师。因此,聘请律师和胜诉之间才表现出了数据上的负相关。不能根据表 8.1 的数据断言是律师**导致**了胜诉率的降低。

表 8.1 部分省份合同纠纷案件中原告胜诉率(2016 年至 2020 年)

| 省市(区) | 原告胜诉率 | 聘请律师的情况下原告胜诉率 | Δ |
|---|---|---|---|
| 北京 | 98.60% | 98.40% | −0.20% |
| 上海 | 98.20% | 97.90% | −0.30% |
| 云南 | 97.20% | 97.10% | −0.10% |
| 湖北 | 97.40% | 97.40% | 0.00% |
| 四川 | 97.70% | 97.30% | −0.40% |
| 江苏 | 97.70% | 97.60% | −0.10% |
| 重庆 | 98.00% | 97.80% | −0.20% |
| 安徽 | 97.80% | 97.20% | −0.60% |
| 河北 | 97.60% | 97.10% | −0.50% |
| 广东 | 97.70% | 97.40% | −0.30% |
| 新疆 | 96.50% | 95.70% | −0.80% |
| 西藏 | 92.70% | 91.70% | −1.00% |
| 天津 | 96.20% | 96.20% | 0.00% |

通过以上几个例子不难发现,分析因果关系,学习和了解因果推断具有重要意义。因果关系能够揭示事物之间关系的本质,让人们避免落入数据的陷阱;掌握了因果关系,我们才能科学制定行之有效的法律和政策。在本章中,我们将首先向读者介绍相关关系为什么不能等同于因果关系,其次,介绍在社会科学和法学领域因果推断的重要意义和面临的主要难题。最后,将简要介绍因果

推断方法论，即研究者为了获得"干净的"因果关系常用的方法。

## 二、相关性分析在因果推断中的具体难题

我们用一些例子来介绍从相关性推断因果关系的实际难题。

某机构研究当代青年男性幸福感问题，问卷调查了1100名22岁到35岁之间的男子；这些男子大多有两年以上在法律、金融和咨询行业的工作经验。研究的主要发现是：一、在总体的生活满意度上，有孩子的男性较单身男性高出20%—40%，同时他们更加满意自己的工作环境和工作成就；二、与配偶平等分担家务的男性，工作和生活满意度高于那些认为配偶应该多干家务上的男性。结论很是温暖人心：生育孩子和多干家务是男性通往幸福的阶梯。

不过，面对这些纷繁复杂的研究分析和媒体报道，恐怕需要经常停下来思考片刻。以上调查确实发现了孩子和幸福感的相关关系，但是否能说明孩子和幸福感存在因果关系？答案是：不一定。我们以此为例，介绍因果关系推断中的几类常见谬误：内生性问题、外部有效性问题、观察者效应、模型设定偏误。

1. 内生性问题

内生性问题是阻碍因果关系推断的主要因素之一。造成内生性的原因主要有遗漏变量偏误、选择性偏误和反向因果。

遗漏变量偏误：现实中，人们很难将全部影响因变量的因素纳入相关性分析；对关键自变量的遗漏将导致因果推断的偏误。本章开篇提到的伦敦扑杀猫的例子就是典型的遗漏变量偏误：由于存在其他未被考虑到的变量（老鼠数量）既影响自变量（猫的数量），又影响因变量（黑死病数量），从而出现了错误的因果推断。

在上述男性幸福感影响因素的例子中，一般而言，拥有更高薪水、更舒适工作环境的男性更愿意生育小孩，而高薪水和优质工作本身就能提高幸福感。这意味着，导致男性更幸福的原因可能是更高的薪水和更优质的工作，而非孩子本身。另外，由于年龄稍长的男子更可能生育孩子，在作对比时，也需要考虑年龄的因素，否则将错误地把 35 岁左右和 25 岁左右的男性放在一起比较，而年龄自身也可能是决定幸福感的因素，是一个遗漏变量。

选择性偏误：非随机的选择过程会使得因果关系推断产生偏差。在孩子和幸福感的例子中，年龄带来的不只是遗漏变量问题，还有选择性偏误：研究中对比的是有孩子的男性（一般更年长）和没有孩子的男性（一般更年轻）。但是，年长男性仍然愿意留在法律、金融和咨询这些工作压力大的行业，本身便是一种选择；那些感到不幸福的员工，可能在年轻时就选择离开。选择性导致了对比的不对等。可以这样理解，选择性偏误是由于不能全面考虑自变量所导致的问题，是遗漏变量的一种特殊情况。

律师对胜诉率的影响是另一个选择性偏误的例子。通过常识可知，相比自己准备材料、出庭辩论，聘请专业律师打官司一般应该提高胜诉的可能性。不过，在表 8.1 中，聘请律师的当事人胜诉率反而更低。这很有可能是由案件的选择性导致的：并不是聘请律师降低了胜诉率，而是因为需要聘请律师的案子，往往都是案情比较复杂、当事人不具有充分把握的案子。换言之，不需聘请律师的案子，胜诉率本身就高，而需要聘请律师的案子，胜诉率本身就低。在这里，人们根据案情需要，选择是否聘请律师。这种选择使得两类案件并不可比，降低了从相关关系推断因果关系的效力。

反向因果：两个因素（X 与 Y）之间确实存在因果关系，但是并不是由 X 导致了 Y,而是由 Y 导致了 X。在男性幸福感例子中,可能并不是生育孩子导致男性对工作和生活更为满意,而是对工作和生活满意的男性,才更愿意生育孩子。这意味着,并不是孩子提高了幸福感,而是幸福感带来了孩子的诞生。

这样的例子在法律中有很多。比如,有研究发现警察数量越多的城市,犯罪率越高。这当然不是因为警察滋生了犯罪,而是高犯罪率导致不得不多配置警察。

## 2. 外部有效性的问题

外部有效性是指一项研究得到的结论,在多大的程度上能够外推到其他场景中去,即在特定时间、特定地点、特定环境下,用某些特定数据分析出来的结果,多大程度上能在其他时间、地点和环境下同样成立。

男性幸福感调查的对象是 1100 名年龄在 22 岁到 35 岁的男性,这些人大多从事高薪的专业工作。相对于全体男性,这里的样本量较小,且不具有代表性。即便不考虑内生性问题,该报告的结论也只能适用于较为年轻且从事高薪职业的男性。换言之,不能用这一局部的发现来断言一般性的结论:"生育孩子和多干家务是男性通往幸福的阶梯"。

显然,外部有效性的强弱与实证研究中数据规模的大小和样本代表性的强弱有关,更大规模且更具有代表性的样本,更可能产出外部有效性强的结论。

## 3. 观察者效应

人们会因为"被观察"("被访谈")而改变行为和态度。在男性幸福感调查的例子中,部分已婚已育的男性可能会认为,他们应该**表现得**更加幸福——他们应该有更稳定的工作、更高的职位和更丰厚的薪水。如果被访者在回答问题时有意迎合这些社会期待,那么调查的结果自然也会发生偏误。事实上,由于受到观察而改变行为的例子非常普遍——大多数情况下甚至并不是刻意为之,而只是受潜意识驱动。

社会心理学中有"霍桑效应",用于刻画当人们知道自己是研究对象时改变自身行为的倾向。霍桑是一家美国工厂,1924年到1932年间,研究人员在霍桑工厂进行了一系列关于科学管理的实验和调查。最早的一个实验研究车间照明度对工人生产效率的影响。在实验中,工人被分为两组,一组工人所处的车间照明度始终不变,另一组工人所处的车间照明度可以调节。实验的预期结果是在一定范围内,生产效率会随着照明度的增强而增加。但最终结果却令人大为不解:研究人员发现,无论是增加还是减少照明度都可以提高工作效率,一些工人甚至在照明度与月光相近时仍能保持很高的生产效率。后来真相大白:工人们知道自己正在被观察,他们不希望自己偶尔的懈怠被管理人员发现,因此无论照明度是增强还是减弱,他们都努力保持甚至提高生产效率。这就是"霍桑效应",一种典型的观察者效应。

### 4. 模型设定偏误

在实证研究的过程中,研究者往往需要先有一个关于变量之间关系的猜想,再通过分析观察数据或实验数据进行验证。模型设定偏误指的是用于分析数据的模型存在错误。模型设定偏误主要表现在两个方面,一是遗漏相关变量(前文已经介绍),二是使用了错误的函数形式,比如,自变量和因变量间是非线性关系,却使用了线性模型进行分析。举例而言,生育和幸福感之间可能并非简单的线性关系——一种可能性是,父亲生育一个孩子时,幸福感明显增加，但生育两个以上后，幸福感反而有所下降。也即，生育数量和幸福感之间呈现出先是正相关而后负相关的非线性关系。在这种情况下，使用线性回归模型就会造成模型设定偏误，不能正确刻画自变量和因变量的关系。显然，正确设定模型需要大量现实经验和理论知识作为支撑。

## 三、为什么探寻因果关系

探寻因果关系的道路困难重重，但人们执着于寻找事物之间的因果关系。寻找因果关系，意味着在复杂的世界中找到一定的确定性，这是科学探索的核心任务。

通常所说的科学（包括自然科学和社会科学）可以分为两类：一类是以数学和逻辑为代表的，以分析方法为手段的科学，核心是从一系列公理系统出发，演绎出一套命题；另一类是以物理学、经济学为代表的，以对经验事实的总结为基础，进而提出理论即因果关系的科学。人们称后者为实证科学或经验科学。在实证科学领域，人们通常关注两个目标：一是预测，二是解释和推断。其中，预测可以以相关关系为基础，而解释和推断的基础必然是因果关系。

我们用降雨的例子作说明。当决定出门是否带伞时，人们要做的是预测。如果打开门发现空气阴沉、燕子低飞，应该带上雨伞——人们估计，马上会下雨。显然，并不是"燕子低飞"导致了降雨；但观察"燕子低飞"足以使人们作出明智决定——很多时候，要作预测，了解相关性足矣。

换个场景，大地久旱、粮食歉收，当人们考虑要不要"祭祀祈雨"时，关于因果关系知识的重要性便突显了出来。在气象知识不发达的时代,农耕文明中人们对"风调雨顺,五谷丰登"的希冀促使人们依赖并崇拜雨水,用献祭、乐舞取悦神明、祈求雨水。在古人看来,祈雨和降雨二者存在因果关系。今天,人们懂得更多科学知识,了解到祭祀恐怕无济于事,各类牺牲、各种仪式,只是徒耗资源。

可以看出,预测和推断是非常不同的问题。将相关关系用于预测,直观且重要;但不少时候,则必须探索因果关系。在今天,人工智能主要关注特征间的相关关系以便提升预测的准确性;但人们当然不可能放弃对因果关系的追寻,研究者自然会执着于用更有效的方法去挖掘隐藏在数据背后的因果关系。

除了出于实用目的,对因果关系的好奇更是人类的天性;对"为什么"的追问、对因果性知识的求索,塑造了人类求真求知的伟大历程,使人成为了人。屈原的伟大"天问",从天地离分、阴阳变化、日月星辰,直问至圣贤凶顽、治乱兴衰,横跨自然与社会。在西方,公元前 400 年,古希腊哲学家德谟克里特就开始追问"必然性",在他创立的原子论中提到"一切都遵照必然性而产生"。德谟克里特所谓的"必然性",近似于我们所说的事物间的因果关系。他的名言"我宁愿找到一个因果的说明,而不愿获得波斯的王位",更是震撼人心。

## 四、因果推断的基本方法

实验是经验科学中推断因果关系的方法。实验方法又分为两种,一种是随机对照实验( randomized controlled trial,也叫随机控制实验):研究者通过人为随机干预,构造实验组和控制组,并对比两组对象在干预后的差异,进行因果推断。另一种方法是自然实验(natural experiment),也叫准实验(quasi-experiment)。在这里,研究人员不对现实进行干预,而只是观察现实世界中发生的类似随机对照实验的事件并进行分析,进而得出因果关系。随机对照实验和自然实验在法律中的应用是第八章和第九章的主题。在这里,我们先简要介绍这两类方法的基本概念。

> **扩展阅读:反事实分析与因果关系**
>
> 在复杂的世界中建立起一组变量之间的因果关系并不是一件容易的事。假设希望建立起某两个事件 X 和 Y 之间的因果关系,即希望断言是 X 导致了 Y——比如,X 是专利法的出台,Y 是技术人员的创新积极性——在这个推断的过程中,会面临怎样的问题? 严格来讲,要建立因果关系,需要观测某个体经历了事件 X 后的结果 Y,及其未经历事件 X 后的结果 Y′,并比较 Y 和 Y′ 的异同。如果两者相同,则 X 与 Y 不存在因果关系;如果两者有差异,则 X 与 Y 存在因果关系。换句话说,Y 和 Y′ 的差异完美地反映了事件 X 和结果变量之间的因果关系。可以把这一过程想象成对两个原来完全相同的平行宇宙的比较:在 A 宇宙 X 事件发生,在 B 宇宙 X 事件不发生,通过比较这两个平行宇宙中的不同,便推断出了 X 和 Y 间是否存在因果关系。比如,为了考察专利法的效果,需要比较同一个国家出台和不出台专利法两种情况下,技术人员的创新积极性——注意,比较出台**前后**的创新积极性,是不够严格的,因为时间的流逝本身是个重要的遗漏变量。
>
> 上面这一思想实验被称为反事实分析。显然,现实中,事件 X 不可能在同一时刻既发生又不发生于某个体之上。换言之,对于一个个体,人们不可能像身处平行宇宙一般,既观察到

结果 Y,又观察到结果 Y′。无法同时观察到"事实"和"反事实",构成了因果推断中的理论难题。

　　当然,这种困难大体是哲学和认识论上的。现实中,研究者主要通过实验的方法得到接近反事实的结果,绕过这一困难。

### 1. 随机对照实验

在随机对照实验中,研究者将实验对象随机分为"实验组"和"控制组",并对实验组中的实验对象实施干预(treatment)。实验后,通过对实验组和控制组中的结果进行比较,可以推断干预与结果之间的因果关系。随机分配是随机对照实验得以成立的必要条件。当实验样本足够大时,随机分配将保障实验组和控制组的实验对象在可观测和不可观测的特征上都大体是同质的、相似的,那么,实验后两组在结果变量上的不同,只可能被归因于干预的影响。

以药物实验为例,假设希望研究每日服用低剂量的阿司匹林对心脏疾病发病情况的影响,可以招募 2000 名志愿者进行实验,并将 1000 名志愿者随机分配至实验组,要求其每天服用药物。由于实验对象是随机分配至实验组和控制组中的,可以近似地认为两组人群是同质的、类似的。最后,追踪记录实验组和控制组中心脏疾病发病的人数(频率)以及实验对象的寿命,作为因变量。如果观察结果显示,实验组中心脏疾病发病的人数更少,并且这些患者的平均寿命更长,则可以确认低剂量阿司匹林与减缓心脏疾病风险间的因果关系(如表 8.2)。

表 8.2　实验组和控制组的结果比较

|  | 实验组(1000 人) | 控制组(1000 人) |
|---|---|---|
| 实验次年心脏疾病发病的人数 | 200 | 300 |
| 平均寿命(年) | 85 | 75 |

可以看到,随机对照实验通过随机分配,确保各组之间的初始平衡。这样一来,所有已知和未知的、可观测和不可观测的对象特征,都将在各组间均匀分布,从而消除了这些因素带来的选择偏差和遗漏变量等问题。这意味着,实验组和对照组之间的差异可以被确定地归因于实验干预。

2. 自然实验

在自然实验(也称"准实验")中,研究者并不主动干预实验对象,而是观察现实世界中发生的类似于实验的场景,并进行分析,进而得出关于因果关系的推断。科学史上最著名的自然实验可能是 1919 年 5 月 29 日的日食现象。这一天,爱因斯坦的广义相对论在非洲和巴西的日全食中得到了验证——爱因斯坦的理论预计光束的路径通过质量足够大的物体周边时会被该物体引力扭曲,而星光绕太阳弯曲则能验证这点;只是,由于太阳光过于明亮,人们平时难以观测到太阳背后恒星的位置并计算星光是否弯曲。日全食时,人们则观测到太阳周边背景上恒星位置和平常位置不同。这就证实了其广义相对论的预测。在这里,平常恒星的位置是"控制组"(或称"对照组"),而处在太阳背后的恒星的位置则是"实验组"。人们通过外来的因素"太阳"找到了自然形成的控制组和实验组,并借助日全食对实验组进行观测,进而验证了爱因斯坦的理论(表 8.3)。

表 8.3　恒星位置作为实验组和控制组

|  | 实验组 | 控制组 |
|---|---|---|
| 组别特点 | 恒星处于太阳背后 | 恒星不处于太阳背后 |
| 观测结果 | 恒星相对位置变动,即光线被太阳扭曲 | 光线未扭曲 |

　　自然实验在社会科学中有着很广泛的应用。相比于随机对照实验,自然实验利用现实生活中的事件来构建研究,不需要主动干预,避免了很高的实验成本,也避免了很多随机对照实验可能引起的伦理争议。特别是,自然实验很多时候是由政策和法律的改变而引起的,这又带来很多研究法律实施效果的机会。我们留待第十章介绍这些内容。

## 五、实验方法在法学研究中的定位

　　在法律实践中,可以观察到两类问题,一类关注法律的解释和适用,另一类关注法律与相关现象间的相关关系或因果关系。细究起来,两者也有不少重叠的领域:比如,法律解释时,免不了要诉诸立法目的;而什么样的法律才能更好地实现立法目的,本身又是一个因果关系问题。要探索因果关系,实验是最为严格的方法。
　　研究法律与相关现象间的因果关系,是社会科学(而不仅是社科法学)的重要任务。如果加以细分,这里又可以分为"(广义的)立法"和"法律的决定因素"两类问题。前者研究各种立法的不同社会后果,并根据人们希望获得的社会后果来确立法律规则;后者研究什么因素决定了法律和社会制度,将法律和制度本身视为结果。在现代学科划分中一般把法律划为社会科学,就是更侧重把法律研究视为科学研究。这并不是因为法学作为科学较其作为技艺更为重要,而仅是因为科学是唯一有必要或者有可能通过大学来教授的学问。一般认为,技艺更适合在实践中学习。人们较为熟悉的英国学徒制律师是其例子。

考察或预测不同立法的不同社会后果,这是把法律现象作为社会现象的原因来研究,并试图通过改变法律来改变社会。这一般是立法者关注的问题。比如,制定婚姻法司法解释时,婚前一方家长购置的房产产权应该归谁;刑法修订时,非法吸收公众存款是否应该入罪;证券法和民事诉讼法调整时,证券集体诉讼是否应先得到监管部门批准。这些问题的核心都是试图通过预测法律所带来的社会变化,进而反过来研究如何订立法律。还有一些研究走得更远,但关注问题的基本架构并没有改变。比如苏力用"送法下乡"和"秋菊打官司"提出的问题:西方法制在中国基层遇到哪些难处,会给中国农村带来哪些改变;或者是法律与金融学派的问题:法系渊源的不同是否导致了不同国家对金融投资者保护水平的不同,进而最终决定了各国历史上的经济发展率,形成了当今的世界格局。[1]这些问题超越了具体的法律条文,研究作为宏大制度的法律的社会后果。

关注法律的决定因素,则是将法律现象作为社会力量的结果

---

[1] 关于法系渊源的长期影响,可以参考:Rafael La Porta, Florencio Lopez-de-Silanes, Andrei Shleifer, and Robert W. Vishny, 1997, "Legal Determinants of External Finance", *The Journal of Finance* 52(3):1131-1150; Rafael La Porta, Florencio Lopez-de-Silanes, Andrei Shleifer, and Robert W. Vishny, 1998, "Law and Finance", *Journal of Political Economy* 106(6):1113-1155。

来研究。比如,对司法制度和法官行为的研究就是在探索什么因素决定了法官的决策——法官的决策,在很大程度上,也就是法律本身(试思考霍姆斯的话:法律……就是对法院实际上将做什么的预测)。当然,将法律视为结果来研究,还涉及很多更宏大的问题。比如,马克思(Karl Marx)认为法律作为一种上层建筑由作为一切生产关系总和的经济基础所决定。①实际上,这是在说不同的生产关系导致了不同的宏观制度和微观法律安排,揭示的是一组因果关系。再比如,韦伯认为新教伦理引发了适应资本主义生产方式的一系列法律和制度的产生。如果把法律的定义再放宽,我们看到福山的历史终结说:资本主义生产方式决定了自由民主制是人类最终极的社会制度。②这同样是将法律作为结果来进行考察。而近年来福山不得不反驳自己提出的终结说,认为在中产阶级不断萎缩的经济环境下,自由民主作为制度难以维持③——所提出的仍然是关于什么决定了制度和法律的命题。

　　凡是关于因果关系的命题,必然是从社会生活中总结而来,也应当接受经验证据的进一步检验。波普尔(Karl Raimund Popper)将这种方法称为"猜想与反驳",将其视为科学发展的关键甚至唯一方法。实验的方法,归根结底,是一种总结经验并用经验证据论

---

① 这贯彻于马克思主义政治经济学的始终。注意经济基础和上层建筑的定义,前者指一切生产关系的总和,后者指一定的社会意识形态以及与之相适应的政治法律制度等的总和。参加[德]马克思:《资本论》(第一卷),郭大力、王亚南译,人民出版社1975年版。

② [美]弗朗西斯·福山:《历史的终结及最后之人》,黄胜强、许铭原译,中国社会科学出版社2003年版。

③ See Francis Fukuyama, 2012, "The Future of History: Can Liberal Democracy Survive the Decline of the Middle Class?", *Foreign Affairs* 91(1): 53–61.

证或反驳命题的方法。只不过,与其他方法相比,实验的方法更具
科学的精确性和可验证性。当伽利略(Galileo Galilei)从比萨斜塔
抛下两颗铁球的一刻,他注定将超越亚里士多德(Aristotélēs)。这
是方法的力量。今天,人们常常提到要加强立法和司法的科学性。
提高科学性,需要调查和研究,需要不断用实际生活来检验法律。
实验是我们需要考虑的一种研究方法。

另一方面,实施实验往往需要很高的研究成本,同时,无论随
机对照实验还是自然实验,他们能够研究的问题范围也受到伦理
和可行性的局限。这都导致了社会科学研究不能像(也不应像)
自然科学那样,处处以数据和实验为准绳。在第九和第十章中,我
们将进一步展示各种实验和准实验方法的魅力,及其面临的难题。

# 第九章　随机对照实验

　　本章介绍随机对照实验方法在法学中的应用。实验方法可以用于研究法律的效果(将法律视为"因"),也可以用于研究法律的影响因素(将法律视为"果"),包括研究法官决策的影响因素和法律变动的原因。由于是对方法的介绍,我们不对文献进行完整回顾,只选择有代表性的研究作为例子加以说明。

## 一、法律的实施效果

　　理论上,法学中一切涉及法律效果的命题,都可以用实验的方法验证。这些命题的本质是认定哪种规则"更好",它几乎涵盖了法律的方方面面。从简单的问题说起。我国所有高速公路都设有最高时速限制,这可以说是最基本的法律规则。将一个路段的最高时速限制为80、100或120千米,有两个最基本的考虑:一是车辆的通行效率,二是事故的发生概率和严重性。为了比较哪种限速规则的效果更好,可以采用实验的方法。比如,在一定的实验时间内,随机选择一半天数将限速设置为80千米,另一半则将限速设为120千米。比较这两种规则下车辆的通行效率和事故情况,可以帮助确定哪一规则总体效果更好,更适用于这一路段。这就是研究法律效果的实验方案。

与此相似的例子很多。各国合同法上的违约责任,要么采取实际履行为默认规则,要么采取违约赔偿为默认规则。作为理论假设,当然可以提出,实际履行比违约赔偿更好,或者相反,但这些命题需要实际生活的验证。实验是一种验证的方法。比如,理想状态下,可以在我国随机抽取一半的市、县采用实际履行为默认规则,另一半市、县采用损害赔偿为默认规则;观察这两组市、县合同纠纷的具体情况,如合同纠纷发生的概率、合同纠纷涉及的成本等,进而确定哪一规则更优。又如,2017年施行的《民法总则》将限制民事行为能力人的年龄下限从《民法通则》规定的十周岁调整为八周岁。将民事行为能力下限设为多少岁,其核心考虑显然是该规则的社会效果——是设为十岁好,还是设为八岁好?也可以设想一种实验,在我国一半的市、县将民事行为能力年龄下限设为十岁,另一半市、县则设为八岁,并观察两组市、县因民事行为能力而出现纠纷的情况,进而确定哪一规则效果更佳。

实践中,确实也有着为了考察法律效果而进行实验的例子。改革开放之初设立经济特区,可以视为一种实验。通过考察经济特区的经济和社会发展水平是否优于其他地区,来判断经济特区所采纳的"一揽子"政策和法律是否更有利于发展。另一个例子是我国广泛采用的政策试点:在很多政策出台前,中央都会在一些省市开展试点,测试政策实施效果。这也是一种实验的思想。可以说,重视政策实验,用科学的态度研究政策、实施政策,是我国改革开放以来实现社会稳定、经济快速增长的一大法宝。

从以上例子看,实验的本质是创造一对实验组和控制组(对照组),两组之间在我们关注的研究因素(即实验干预)上有显著的不同。随后,通过研究实验组和控制组在实验后果上的不同,推断研究因素和实验后果是否有因果关系。所有涉及法律效果的命题在理论上都可以通过实验来检验,但现实中,并不是所有实验都是可操作的。比如,实验涉及很高的成本,也可能违背我国单一制的原则。但是,在重要的问题上,我们仍然希望通过实验方法慎重地检验法律或政策的效果,经济特区就是其中一个例子。

目前,西方已经有不少研究通过实验的方法探索法律的效果。试举以下例子加以说明。在合同法中,人们为什么遵守合同,以及什么样的合同法规则能促进人们履行承诺,是一个基本的问题。理论上,人们遵守合同,可能是因为订立合同时自己给出的承诺给自己带来了道德责任感和道德义务,也可能是因为担忧违约将给自身带来经济上的损失。作为立法的考量,如果大多数人是因为道德义务而信守合同,那么,实际履行是一个较好的违约责任原则;而如果人们是因为担心违约的后果而遵守合同,那么,期待利益损失原则是更好的立法选择。为了研究这一基本问题,美国西北大学的艾根(Eigen Zev)教授开展了一项实验。①他设计了一个问卷网站,邀请美国各地网民参与一项"答题送 DVD"活动——参与者认为正在参与一项调查活动,而并不知道正在参与实验研究。参与者登录网站时,与网站达成一项协议,协议的内容包括:第一,参与者承诺回答完网页上的所有问题;第二,如果参与者回答完所有问题,网站承诺向参与者寄送一张电影 DVD 作为奖励,如果未回答完毕,则不寄送该 DVD。实际上,这个问卷包含数百

---

① See Zev J. Eigen, 2012, "When and Why Individuals Obey Contracts: Experimental Evidence of Consent, Compliance, Promise, and Performance", *The Journal of Legal Studies* 41(1):67-93.

道问题,研究者预计数百名参与者中没有人会完成全部问题。实验的关键在于,在参与者感到不耐烦并决定放弃(违约)时,需要点击"退出"键,而此时,网络页面将弹出对话框,一组参与者看到的是"如果您现在退出网站,将不能得到我们的奖品",另一组参与者则看到"如果您现在退出网站,将违背自己许下的承诺"。研究者希望观察,在出现这两种提示时,哪种提示会促使更多的参与者回到回答问卷的过程中去,也即继续遵守承诺、履行合同。实验结果是,在第二组中有显著更多的参与者经过思考取消了立即退出的决定,回到了答卷的过程中。可见,当仅考虑利益损失时,参与者更倾向于违约;而当考虑道德义务时,参与者更可能遵守合同。通过这样的设计,这一实验试图说明人们遵守承诺主要是出于自身道德感的要求,而非功利的计算。作为对立法的启示,作者希望论证,合同法具体规则的制定,要注重引导人们的道德责任感,用道德责任感降低违约的可能性,促进守约并提升效率。

分析这一研究,实验的设计有两个关键:第一,组别间(控制组和实验组间)实验对象的同质性。比如,要保证以上的实验是有效的,需要两组在性别、年龄等方面大体相同的参与者。如上一章所述,实践中,通常用随机分配来保障同质性,即从总体中获取一定的样本,并将一部分样本随机分配到实验组,另一部分样本随机分配到控制组。而如何完成随机分配,是一个重要技术细节,其基本原理可以用抛硬币来理解:对于一个 100 人的样本,对每个人抛掷一次硬币,获得正面时,则将其分配至实验组,背面时,则分配至控制组。实践中,许多实验软件自带随机分配功能,可以借助其进行随机分组。如果不使用实验软件平台,可以用 Excel 等办公软件生成随机数,对实验对象进行随机分配。

　　第二，实验的"干预"（或称"刺激"，stimulus）是不同的。通过观察不同的"干预"在同质的对象间产生的不同效果，来确定干预与效果间的因果关系。比如，以上实验的"干预"，是对道德责任感和利益损失的不同提示。当然，要使干预产生效果，我们需要足够大的样本量，以获取统计上的功效（power）。一般而言，样本量越大，越容易得到统计上稳健的结果。不过，获取样本需要成本，一个好的研究需要权衡统计的稳健性和实验的可操作性。以上这两点是所有实验设计的最基本原理。

　　通过这个例子，我们再次探讨检验实证研究是否科学的两项标准，即"内部有效性"和"外部有效性"标准（上一章中也曾提到这一问题）。内部有效性，一般是指一项实验（或其他实证研究）的结论，在多大程度上是明确的和可信的；外部有效性，一般是指实验得出的结论，在多大程度上可以推广到真实世界中去。实验研究的内部有效性，主要依靠样本的随机分配来保障，一般不成为严重的问题。相反，实验以外的实证研究方法由于没有样本的随机分配，则要考虑很多与内部有效性相关的问题，比如，是否存在遗漏变量、选择性偏误、反向因果等问题。对实验研究的科学性挑战较大的是外部有效性问题。就以上实验而言，需要提出的问题是：研究者在一个特定的互联网问卷场景下发现，影响人们遵守合同与否的主要因素是道德责任感而非利害权衡。但是，这一结论在多大程度上能成为一般的原理，推广到与违约相关的所有场景呢？一些合理的怀疑包括：第一，这一实验场景涉及的利益较小。可能仅在利益不大的场景下，道德责任感对违约行为有约束作用，而在涉及利益较大时，道德义务的作用并不明显，因而，这一研究结论并不能适用到合同法的所有领域；第二，人们在网上交易和线下交易,对道德义务和违约责任的认知不同,这一研究结论对线下的合同场景可能并不适用;第三,参与网上实验的人,可能来自收入较低的群体,其与一般消费者的行为特征可能并不一致。

需要注意,所有的实证类科学研究都使用具体场景推测一般理论,因而,外部有效性对所有科学部门而言都是潜在的问题。当然,这一问题在自然科学中并不严重,而在社会科学中显得比较关键。不过,我们似乎不应对外部有效性的要求过于苛刻。科学的发展在于经验证据的不断积累,只要有一定的发现,即可视为好的研究。

最后,值得指出的是,用实验研究评估法律效果,在社会科学较为发达的国家已经被应用于很多领域。在美国,随机对照实验被用于经济学、政治学、社会学、心理学、法学等几乎所有社会科学领域。

## 二、法官决策

实验方法的另一大应用是研究法官的决策过程。对法官行为和决策过程的剖析是近十几年来美国法学研究的一个前沿。比如,波斯纳(Richard A. Posner)法官和他的合作者,著名政治科学家爱泼斯坦(Epstein)以及经济学家兰德斯(Landes William),在2013年出版《联邦法官行为》(The Behavior of Federal Judges)一书中,提出了关于法官行为的理性选择理论,并以实证方法验证这一理论。[1]法官行为这一研究领域方兴未艾,很多问题亟待探索。

---

[1]　See Lee Epstein, William M. Landes and Richard A. Posner, 2013, *The Behavior of Federal Judges: A Theoretical and Empirical Study of Rational Choice*, Harvard University Press.

　　由于法官的决策过程很大程度上是一个行为科学的现象,而实验是行为科学(包括经济学、心理学和认知科学)的主要研究方法,因而,实验方法在法官决策领域有着天然的适用性。在一些较为早期的研究中,研究者着重用实验方法研究一些"法外因素"是否会对法官的决策带来影响,以康奈尔大学法学院的法学和心理学家拉林斯基(Rachlinski Jeffrey)的一系列文章最为著名。

　　在一项实验中,包括拉林斯基在内的几名研究者希望探索法官的感情是否影响法官对案件的决策。①为此,研究者制作了多则刑事案件材料,组织美国法官阅读这些材料并作出判决。这些法官被随机分为控制组和实验组,两组的材料略有不同,以期引起法官不同的情感反应。比如,在一个实验中,作者提供了如下案例:一名来自秘鲁的被告被指控为非法移民。被告在进入美国时,将一张伪造的签证粘贴于真实的护照上。法官需要判断这一行为是否构成美国国内法上的"伪造身份证"(forging an identification card)。如果不构成这一行为,被告将被移交移民局并遣送出境;而如果构成这一行为,被告不但要被遣送出境,还要被判处有罪,并在出境前被处最高 180 天的监禁。在实验组,被告被描述为一名秘鲁的毒品帮派成员,非法进入美国是为了暗杀一名叛逃组织的成员;在控制组,被告则被描述为一名慈爱的父亲,非法进入美国是为了获取一份工资更高的工作,以救治患病在家的女儿。显然,作者希望在控制组和实验组中引起法官不同的情绪,并观察情绪对法官判决的影响。通过分析数据,作者发现,实验组的法官相

---

① See Andrew J. Wistrich, Jeffrey J. Rachlinski and Chris Guthrie, 2015, "Heart versus Head: Do Judges Follow the Law or Follow Their Feelings?" *Texas Law Review* 93 (855):856-923.

比于控制组的法官更倾向于判决被告的行为构成"伪造身份证"。需要注意,由于行为是否构成"伪造身份证"是一个事实判断,理论上不应与被告进入美国的动机有关联,因而,被告的动机实际上是与本案无关的"法外因素"。而恰恰是这一法外因素,影响了法官的最终判决。通过这一研究,作者证明了情感因素会对法官决策产生关键性的影响。

利用改进后的类似实验方法,刘庄和李学尧还发现:几乎所有法律人引以为豪的说理技术,都可以成为"矫饰的技术"——用看似精密的法言法语,遮掩实际的判决理由,粉饰价值判断或法外因素对判决的影响。具体而言,他们在控制组和实验组中引起法官不同的情感反应,并观察两组法官在同一案件中是否对案件涉及的法律概念解释、法律适用、因果关系、可预见性等作出不同的说理和判断,进而推断法外因素(情感)是否影响了法官的说理和决策。①

除了以上对情感与判决关系的研究,拉林斯基等研究者还使用同样的实验方法,探索了行为经济学中的各种认知偏误与法官决策的关系。他们发现,锚定效应、框架效应、损失厌恶等认知偏误都对法官的判决有着关键性的作用——换句话说,法官容易受各种认知偏误的误导。这无疑对法律的稳定性和公正性提出了挑战。②

以上的研究在方法上有很大的相似性,他们都通过在实验室

① 参见李学尧、刘庄:《矫饰的技术:司法说理与判决中的偏见》,载《中国法律评论》2022 年第 2 期。

② See Chris Guthrie, Jeffrey J. Rachlinski, and Andrew J. Wistrich, 2001, "Inside the Judicial Mind", *Cornell Law Review* 86(4):777.

中(或课堂上)向法官集中发放问卷的方法来开展实验。这些研究在案件的选择和流程的设计上非常精巧,提供了较高的内部有效性;同时,他们以真实的法官为实验对象,使实验发现有着一定的外部有效性。不过,人们对这些研究的疑虑也往往集中在它们的外部有效性上。比如,在实验中,法官往往仅使用十几分钟的时间阅读一则一两页纸的案例,进而进行判决;而现实中,法官有更多的时间研究更为细致的案卷材料,也有机会在庭审中听取案件当事人的当庭陈述。就此,法外因素或许仅能在实验中而非真实世界中对法官决策产生影响。这引发我们思考,如何才能提高实验研究的外部有效性,即可推广性。

　　提高外部有效性的一个方法是提高实验的真实性,或者说,让实验场景更好地模拟法官真实的决策过程。为了增加真实性,哈佛大学法学院斯堡曼(Spamann Holger)教授、洪堡大学法学院克鲁恩(Klöhn Lars)教授和刘庄设计了一项较为复杂的实验。[1]他们选取了一个海牙国际刑事法庭的案件,并编写程序制作了一个电子审判系统。在系统中,参与者——法官可以通过索引和链接获取与案件相关的所有材料,包括起诉书、案件事实、法律条文、相关判例、初审法庭意见等。参与者有一个小时的时间阅读材料并作出判决。研究者记录参与者的阅读顺序、阅读时长、判决结果和裁判理由。在各种材料中,又穿插了实验组和控制组的设计,用以比较法外因素和法律因素对法官判决的相对重要性。这项实验研究在中、美、英、德、法、阿根廷、印度等国分别开展,以比较各国和各

---

[1] See John Zhuang Liu, Lars Klöhn, and Holger Spamann, 2021, "Precedents and Chinese Judges: An Experiment", *The American Journal of Comparative Law* 69(1):93–135.

法系法官思维的异同。实验产出了不少新的发现。比如,通过对实验数据的初步分析,我们明确地看到,中国法官在判决中受判例的影响非常显著,同时,他们花在阅读和分析判例的时间显著大于阅读法条的时间;然而,他们并不在判决说理中提及判例对判决的影响。换句话说,法官有意遮掩了判例对决策的决定性影响——这当然与我国不允许法官在裁判文书中援引判例的制度相联系,但它也显示了中国法官一些特殊的思维特征,以及现有裁判文书写作制度可能存在的缺乏透明度的问题。此外,研究还发现,来自普通法系和大陆法系的法官,在思维习惯和决策习惯上并无显著不同,这一发现在微观层面挑战了传统法系划分方法的合理性。

## 三、多组间实验设计

以上研究都仅涉及控制组和实验组的直接对比。就一些特定问题而言,直接对比并不能很好确定因果关系并得出实验结论。因此,有时需要更为复杂的实验设计。下面以本书作者(刘庄)的一项研究为例进行说明。①

法官行为领域的研究,除了关注哪些因素影响法官决策,也希望研究有哪些法律程序可以降低法外因素的影响强度,使得决策更理性、更公正。刘庄的一项实验研究发现,要求法官在判决前写下说理将有效降低法外因素对法官判决的影响。这一实验整体采用了 2×3(共六组)的组间比较。不过,为了方便说明,仅介绍其中

---

① See Liu Zhuang, 2018, "Does Reason Writing Reduce Decision Bias? Experimental Evidence from Judges in China", *The Journal of Legal Studies* 47(1):83–118.

2×2(共四组)的组间设计部分。具体而言,研究将一定数量的法官随机分配至四个组别中(见表9.1)。法官阅读一则刑事案件材料,并作出判决。案件中,被告(女)驾车在小区车库出口遭到几名男性抢劫,车窗被砸碎,放于副驾驶一侧座椅上的提包被抢走。几名男性得手后,乘坐一辆摩托车准备逃走。被告驾车追逐摩托车,摩托车侧翻,以高速冲入道路隔离带中,致几名抢劫犯嫌疑人死亡和重伤。检察机关以犯有过失致人死亡罪起诉被告。被告则称其行为属于对正在发生的犯罪实施的正当防卫,不应被判处有罪。

在设计上,研究将一半法官随机分配到了实验组(A组与C组)。实验组中,法官得知被告是一名政府官员,被抢提包中的数万元人民币系其当天索贿所得,该案已另案处理。显然,实验组的干预是为了引起法官对本案被告在情感上的反感。需要注意,被抢的现金是否系索贿所得与本案被告是否构成正当防卫在法理上并不存在任何关系,因此是一个典型的法外因素。

这一实验的重点在于研究说理是否能够降低法官受法外因素影响的程度。为此,研究者要求实验组和控制组中各一半法官(C组与D组法官)在作出判决前写下其判决理由;对另一半的法官(A组和B组法官)则不做此要求。研究者希望通过组间的比较来确认,写下说理的组别中法官受法外因素影响的程度是否较低。通过表9.1所示的四组间的比较,研究发现:第一,法外因素的影响确实存在(A组法官给出的判决显著重于B组法官的判决);第二,说理确实降低了法外因素的影响(C组与D组法官的判决差异较小)。

表 9.1 判前说理与法官受法外因素影响的程度

| 组别 | 不要求判决前说理 | 要求判决前说理 |
|---|---|---|
| 实验组（被告品格较差） | A 组 | C 组 |
| 控制组 | B 组 | D 组 |

对以上的研究问题,采用实验组和控制组直接对比的方法并不能得出科学的结论。比如,不能仅通过比较 C 组和 D 组法官的判决得出以上结论。这时,即便 C 组和 D 组的判决不存在显著差异,也并不能确定是说理降低了法外因素的影响,还是法外因素的设计并不成功。也不能仅比较 A 组和 C 组法官判决的异同。这是因为,如果缺乏 B 组和 D 组作为标杆,并不能明确得知说理降低决策偏误的程度。可以看到,实验设计的本质是比较组间的差异。如何设计组间比较,有多种方法。这些方法要随着研究的问题而确定。

## 四、现场实验

在上一章我们提到,实验分为随机对照实验和自然实验。实验室实验的方法在社会科学研究中存在一大"瓶颈",即研究的外部有效性问题:人们往往不能确信在实验室中发现的规律在多大程度上能够推广到真实世界中。与此相比,自然实验的方法一般不存在外部有效性问题。这是因为,自然实验研究的是社会生活中自然形成的现象,这些现象恰好形成了类似于实验室实验的控制组和实验组。上一章中自然实验的例子来自物理学和天文学,我们再举一个社会科学中自然实验的例子:我国冬季供暖以淮河为界，淮河以北的城市，冬季统一供暖。研究者发现，淮河以北一纬度内的城市，其空气中可悬浮颗粒物比淮河以南一纬度的城市高 70%，而北部城市人均寿命低于南部城市5.5 年。由于空间范围被控制在南北各一纬度的距离内，南北城市在 GDP、人口数量、产业布局等要素上同质性很强，研究者据此判断寿命的差异是由空气污染造成的，而空气污染的区别又主要是由冬季统一供暖引起。[1]在这里，淮河沿线南北城市互相构成了对方的对比组，形成了一个很好的自然实验。实际上，自然实验是当代实证经济学中被采用最广的研究方法，又演化成为如双重差分法、断点回归、工具变量等较为成熟的研究设计，我们将在下一章加以介绍。

　　显然，自然实验方法也有其应用上的限制：并不是所有研究者关心的问题都恰好能对应上由自然状态形成的实验，因而，研究者的研究范围在很大程度上受限于可得的数据和信息。另外，在社会科学中，人们也很难像在实验室中那样自如控制实际社会经济生活，这更加限定了自然实验方法的应用范围。

　　那么，有没有一种研究方法，既能解决外部有效性问题，又能使研究者介入社会生活，通过改变刺激（干预）来观察现实中的因果关系呢？近些年来，社会科学领域出现了一类新型研究方法——现场实验（field experiment，或称"田野实验"），实现了类似的功能。现场实验虽然也属于随机对照实验的范畴，但不同于在

---

① See Yuyu Chen, Avraham Ebenstein, Michael Greenstone, and Hongbin Li, 2013, "Evidence on the Impact of Sustained Exposure to Air Pollution on Life Expectancy from China's Huai River Policy", *Proceedings of the National Academy of Sciences* 110(32)：12936-12941.

实验室中进行的人工可控实验,它通常涉及对真实世界的介入和干预;它也不同于由独立于研究目的的事件引发的自然实验。它在方法上既包含了对现实的干预,又超出了实验室之外,描述了真实世界的规律。

在一项发表在《美国国家科学院学报》的研究中,来自耶鲁大学生物学、心理学、管理学等多个专业的学者希望测试科研机构培养科学家时是否存在性别歧视。他们制作了两份一样的简历,唯一不同的是简历人的姓名:一份简历写着典型的男性姓名,另一份写着典型的女性姓名。研究者将这些简历发送给美国一百多家高校科学实验室,应聘实验室主管职位。结果是,即便男女简历内容完全一样,标有男性姓名的简历得到了潜在雇主显著更高的评价;同时,这些实验室向这些男性提供了更高的工资。这验证了美国科学领域性别歧视的广泛存在。[1]在一项类似的研究中,来自芝加哥大学布斯商学院的研究者玛丽安·伯川德(Marianne Bertrand)及其合作者用类似的方法研究了劳动力市场上的种族歧视。[2]她在芝加哥等地的报纸上刊发求职简历,试图寻找工作。结果是,指代白人姓名的简历得到了显著更多的回复和面试机会。这证明了美国就业市场上种族歧视现象的存在。

另一项研究中,哈佛大学经济学家拉杰·切蒂(Raj Chetty)与

[1] See Corinne A. Moss-Racusin, John F. Dovidio, Victoria L. Brescoll, Mark J. Graham, and Jo Handelsman, 2012, "Science Faculty's Subtle Gender Biases Favor Male Students", *Proceedings of the National Academy of Sciences* 109(41):16474-16479.

[2] See Marianne Bertrand, and Sendhil Mullainathan, 2004, "Are Emily and Greg More Employable Than Lakisha and Jamal? A Field Experiment on Labor Market Discrimination", *American Economic Review* 94(4):991-1013.

一家美国超市合作研究消费者行为。[1]他们先观察超市商品标价不含税时的销售量,再改变价牌标示方式,使其价格包含税金,进而观察同类商品销售量。研究发现,虽然这两种标价方式下消费者支付的全款是相同的,但在标价含税时——消费者第一眼看到的价格更高时,商品的销售量显著降低。这一研究通过介入价格标示体系,展现了消费者决策中的非理性因素,也展现了不同的税率标注体系可能给消费者福利带来的影响——而价内税和价外税如何标注,可以说是税法的最基本问题。

在经济学界,运用现场实验方法的先驱当属芝加哥大学经济学系的李斯特(John List)教授,其著作《Why 轴》(The Why Axis)也是一本经济学名著。[2]他曾在我国厦门市万利达集团进行了为期 6 个月的实验。实验将工人随机分为两组,其中一组获得的劳动激励措施是:"如果你们小组的平均生产效率超过每小时 400件,你每周会获得 80 元的奖金",另外一组获得的"激励"措施是:"你们会获得一次性的奖金 320 元,但如果某个星期你们小组的平均生产效率低于每小 400 件,你的工资会减少 80 元"。他发现相比奖励,惩罚对提高生产力更有效果。显然,害怕失去现有利益比增加预期收益对工人的激励更强——虽然这两者的经济实质是相同的。这巧妙地验证了行为经济学中著名的框架效应,即人们对损失的厌恶超过对同等收益的偏好。

以上三个例子体现了现场实验的两项重要特点:第一,现场实

---

[1]　See Raj Chetty, Adam Looney, and Kory Kroft, 2009, "Salience and Taxation: Theory and Evidence", *American Economic Review* 99(4):1145-1177.

[2]　See John List, and Uri Gneezy, 2013, The Why Axis: Hidden Motives and the Undiscovered Economics of Everyday Life, Random House.

验通过巧妙介入实际社会经济生活而验证一定的命题,有实验室实验人工可控、自由灵活的特点。第二,这种实验通常在实际生活中进行,其外部有效性即结论的可推广性比一般的实验室实验更强。综合来看,现场实验是一种结合了人工可控实验和自然实验两者优点的研究方法。事实上,它也在当今的社会科学,特别是经济学研究中崭露头角,甚至成为学界最为追捧的研究方法。

同时,这一方法也逐渐从经济学迁移到了其他社会科学领域。比如,在法学研究中,学者以现场实验的方式研究了以色列一家幼儿园如何惩罚放学时迟到(接回儿童)的家长。[①]一开始,幼儿园将迟到的家长姓名公布;随后,幼儿园取消了这种声誉惩罚措施,而改成金钱惩罚。研究者发现,改为金钱惩罚后,迟到家长明显增多。虽然最后幼儿园又恢复了声誉惩罚措施,但这时迟到家长数目并没有明显降低。这一研究说明:很多时候,声誉较金钱惩罚是更好地预防违法的社会机制;同时,已有的声誉机制和社会规范一旦经资本化而瓦解后,很难得到恢复和重建。

本书作者(刘庄)在中国开展了一系列现场实验研究。在一项实验中,刘庄和唐应茂研究了庭审直播对公正审判的影响。他们对西部某基层人民法院某个月份中所有庭审案件进行随机抽样,确定直播案件和不直播案件,构造庭审直播的实验组和控制组。在此基础上,他们分析了两组案件的视频,测量了反映诉讼参与人行为特征的多项客观指标(如语速、基频)。研究发现,在存在直播的情况下,当事人的语速显著放慢,法官和诉讼代理人语速

---

① See Uri Gneezy, and Aldo Rustichini, 2000, "A Fine Is a Price", *The Journal of Legal Studies* 29(1):1-17.

则没有显著变化,而所有主体的基频(反映说话人音调高低)范围显著缩小。图 9.1 展示了当事人、律师、法官在实验组和控制组间的平均语速差异(实验组减去控制组)。同时,法官在直播时的用词更为法律化、更为郑重。这些发现表明,庭审直播促使当事人在庭审中更加谨慎,减少了其在庭审中的极端情绪和行为;具有较多直播经验的法官和诉讼代理人则不会受到直播的过多影响。这都说明庭审直播没有对审判公正性造成干扰。同时,直播有助于司法公开,有重大的政策意义。

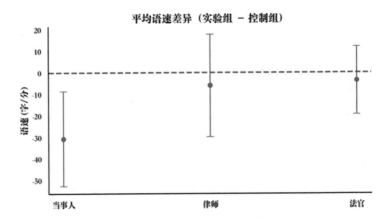

**图 9.1　庭审直播对诉讼参与人语速的影响**

　　从上面的例子来看,现场实验结合了实验室实验和自然实验的优点,既设计严格、推论严谨,又能符合实际生活、反映真实世界。不过,现场实验实施起来也面临着不少困难。首先是成本。并非所有现场实验都能以较低的成本实施。比如,上述李斯特教授的现场实验,就要耗费研究者和实验所在工厂较多的时间、精力和金钱,而工厂也要承受工人工作量的波动可能带来的损失。其次是伦理上的限制。有许多研究领域并不适宜开展现场实验。比如,以色列幼儿园的现场实验就使原本温和而有效的声誉惩罚机制部分瓦解。而什么是现场实验的伦理边界,也是一个学术界日益重视的问题。目前,在世界各国的主要大学,研究者在开展介入实际生活的实验前都要经过学校伦理委员会的批准,这一制度的确立正是出于这样的担忧。

# 第十章　自然实验

在上一章中,我们探讨了随机对照实验方法在因果推断中的应用。在现实世界中,由于成本、伦理和问题自身特点的限制,很多情况下无法开展随机对照实验。这时,一般只能通过分析已有的数据来研究问题、得出结论,这些结论一般只揭示相关关系,很难确证因果性。

不过,现实世界偶尔会产生一些类似于实验的场景(即"自然实验"或"准实验"),这时可以使用一些特定的方法对这些场景下隐含的因果关系进行推断。本章介绍这些自然实验中的数据分析方法,包括匹配、双重差分、断点回归和工具变量法。我们不对每种方法的理论作完整回顾,也不作过多数学推导,而是着重介绍各种方法的基本原理以及他们在因果推断中的应用案例。

自然实验也涉及组别间的对比。出于中文的语言习惯,本章将自然实验中进行对比的两组称为"处理组"和"对照组",与"实验组"和"控制组"相对应。实际上,这些概念的英文名称完全一致(都是 treatment group & control group),表达的也是同一涵义。处理组意味着这一组中的对象接受了准实验性的"干预"或"处理",对照组则没有接受这些干预或处理。

## 一、匹 配

### 1.概述

匹配(matching)是一种用于因果推断的数据分析方法,它为每个处理组的个体找到一个与之相似的对照组的个体,再进行组间比较,从而减少观测数据中混杂因素(confounding factors)对结果的影响。通过匹配方法,我们可以更好地估计处理(干预)造成的因果效应,即处理组和对照组之间因"处理"而产生的"差异"。匹配的基本思想是在观测数据中找到足够相似的样本对,使得处理组和对照组之间的主要差异仅来自干预本身,而不是其他因素。我们在第五章曾介绍,衡量相似度的主要指标有欧氏距离和余弦相似度等。在进行匹配时,首先需要选择一组协变量(covariates),即那些可能影响到因变量的因素;其次,计算处理组和对照组中每个个体之间的距离,并根据距离最小原则为每个处理组的个体找到一个最相似的对照组个体;最后,就可以比较这些处理组和对照组中的个体,并计算匹配后两组之间的差异,也即平均因果效应。

举例而言,假设要比较两位法官量刑严厉程度的不同,进而发现和纠正潜在的同案不同判问题。我们可以直接比较两位法官承办的全部刑事案件的平均量刑时长(年),但显然,他们承办案件的构成可能并不相同。以盗窃罪为例,两位法官承办的盗窃案件所涉金额、作案手法、情节、悔罪表现可能都不相同。因此,单纯比较他们的平均量刑并不是在比较"类似案件",因而也难以发现"同案"不同判的情况。为了处理这一类问题,可以采用匹配的方法。表10.1展示了一份模拟数据以及匹配的过程。

| 表 10.1 匹配方法示意 | |
|---|---|
| 盗窃案件涉案金额，法官甲 | 盗窃案件涉案金额，法官乙 |
| 90000 | 15000 |
| 8700 | 9800 |
| 7400 | 7500 |
| 5600 | 6700 |
| 4100 | 5300 |
| 3000 | 3900 |
| 2900 | 2400 |
| 1500 | 1900 |
| 200 | 900 |

我们将两位法官经手的盗窃案件按照涉案金额排序。对于法官甲的每一个案件,需要在法官乙的案件中寻找一个与其最相似的案件进行匹配。我们可以将匹配距离设置成 500,也就是说,对于法官甲审判的涉案金额为 2000 元的案件,匹配上法官乙审判的涉案金额为 2000±500 元(即 1500 元至 2500 元之间)的案件。按照这一思路,可以对法官甲审判的每一个案子,寻找指定距离内的法官乙的案件。表 10.1 中将能够成功匹配的案件用不同的颜色标出。不难发现法官甲的 5 个案件找到了相对应的法官乙案件。由于这 10 个案件的涉案金额十分相近,我们便可以对其进行直接比较,也排除了涉案金额对判决结果的可能影响。同时,匹配的方法不局限于使用单一变量(如涉案金额)进行匹配——完全可以使用一系列变量(如作案手法、情节、悔罪表现等),通过欧式距离等方法计算相似度,进而进行匹配。

通过上述例子可以看出,匹配方法之所以能够在因果推断中发挥作用,是因为该方法试图模拟随机对照实验的设置,使得处理组和对照组在特征上尽可能相似。这有助于消除可能影响因果关系的混杂因素,从而使得推断更为可靠。然而,值得注意的是,匹配方法的有效性取决于匹配特征的充分性和匹配过程的准确性。如果存在未观察到的混杂因素或匹配过程不准确,匹配方法则无法完全消除选择偏差。因此,在使用匹配方法进行因果推断时,应当仔细检查所用特征的完备性和匹配质量。

2. 应用示例:宪法能有效禁止酷刑吗?

我们以《宪法禁止酷刑的失败》一文为例,介绍匹配方法在法律研究中的应用。[1]在文章中,作者希望分析各国宪法中有关禁止酷刑的规定是否真正减少了酷刑的使用。首先,作者对全球 186 个国家自 1946 年至 2012 年间所有宪法中禁止酷刑的条款进行了编码。如果一国宪法中明文禁止"残忍和不寻常"或"残忍、不人道和有辱人格"的惩罚,则将其编码为宪法禁止酷刑。作者发现,在 1946 年,已经有 39% 的国家禁止使用酷刑。三十年后,在 1976 年时,全球禁止酷刑的国家比例增长至 44%。2012 年,有 84% 国家在其宪法中明确禁止了包括石刑、烙刑、水刑等在内的酷刑。

其次,作者根据可能影响一个国家是否使用酷刑的一系列因素,包括民主水平、经济发展程度(人均 GDP)、人口规模、是否发生了战争、司法独立水平、国际非政府组织的数量等,对宪法中禁止酷刑的国家(处理组)和不禁止酷刑的国家(对照组)进行匹配。

① See Adam S. Chilton, and Mila Versteeg, 2015, "The Failure of Constitutional Torture Prohibitions", *The Journal of Legal Studies* 44(2):417-452.

样本的观察值是"国家—年"（即每个国家每一年），作为一个数据点。

　　表 10.2 展示了匹配的结果。在匹配后，样本量从 7959 下降到了 2342（国家—年）——这是因为作者采用了 1∶1 匹配的方式，即每一个处理组样本在给定的范围内只能匹配一个最合适的对照组样本。在处理组 4796 个初始样本中，只有 1171 个样本能匹配到合适的对照组样本。这些成功匹配的样本除了在"宪法是否禁止酷刑"之外，大体相似，这使得作者可以通过比较组间的差异，来分析宪法是否有助于减少酷刑。

表 10.2　《宪法禁止酷刑的失败》一文的匹配结果①

| | 全样本（国家—年） | 匹配样本（国家—年） |
|---|---|---|
| 样本数 | 7959 | 2342 |
| 处理组样本数 | 4796 | 1171 |
| 对照组样本数 | 3163 | 1171 |

　　最后，使用上述数据和方法，作者发现，处理组和对照组在酷刑数量等方面并无统计显著的差异。这意味着，宪法中禁止酷刑的条款并不能有效减少酷刑的实际使用。

　　以上的例子展现了匹配方法的用法——通过匹配，尽可能消除样本在协变量（即其他因素）上的差异，从而直接比较处理组和对照组之间的不同。我们也需要注意匹配方法在操作中的一些问题。第一，在数据量有限的情况下，匹配的效果往往较差。这是因

---

① See Adam S. Chilton, and Mila Versteeg, 2015, "The Failure of Constitutional Torture Prohibitions", *The Journal of Legal Studies* 44(2): 417-452.

为,在较小的样本中找到足够相似的样本对,本身就十分困难。第二,匹配方法需要选择合适的协变量和距离度量,而不同的选择会对分析结果产生较大影响。在实际应用中,协变量和距离度量的选择往往具有一定的主观性。

此外,也要注意,匹配方法仍然面临着内生性的挑战,需要考虑其中可能存在的遗漏变量、选择性偏误、反向因果等问题。比如,对于上述研究,我们需要追问,情况相似的两组国家,为什么有的在宪法中采取了禁止酷刑的条款,有的则未曾采用? 两组国家真的足够相似吗? 如果两组国家不满足实验必需的组间同质性要求,那么,我们很难相信其中的因果推断是可靠的。

## 二、双重差分

### 1. 概述

双重差分法(differences-in-differences,简称 DID),也名"倍差法",源于自然科学中比较实验组和控制组在实验前后差异的方法。在社会科学特别是经济学中,双重差分法被广泛应用于评估政策和法律的实施效果。双重差分的原理十分简单直接,但模型成立的条件却较为严苛。

我们以疫苗实验为例来解释双重差分法的基本原理。假设要检验流感疫苗的有效性:一些城市已经推行了全民疫苗接种政策,我们将其作为处理组,同时,一些城市还未推行全民疫苗接种,我们将其视为对照组。为了测试疫苗的效果(或者说,全民疫苗接种的效果),可以分析推行全民疫苗接种的城市是不是感染人数相对更少。这里,可以将处理组城市的平均感染率减去对照组城市的平均感染率,这样就得到了两类城市平均感染率的差。

这种求差的方法固然能够揭示一定的信息,但也存在问题。比如,为什么有的城市更积极地推动全民疫苗接种?这可能是因为,推行全民疫苗的城市原本感染人数就更多,因而人们更重视预防流感,更积极地推行疫苗接种政策。这同时也意味着,如果直接比较两类城市的平均感染率,会低估了疫苗的有效性——因为处理组的感染率本来就更高。还有一类相反的情况:在积极推动疫苗的城市,人们更重视身体健康,因而才积极推动全民疫苗政策。由于重视身体健康,人们也更可能采用其他方式减少感染,比如佩戴口罩、勤洗手等,这又意味着直接比较两类城市的平均感染率,会高估疫苗的作用——因为处理组的人们更多地使用疫苗以外的方法减少感染。

那么,是否能够通过分析处理组中全民疫苗推行前后的感染率变化来研究疫苗的效果呢?这也并不是一个好的方法。这是因为,随着时间的变化,还有很多因素会影响感染率——比如,由于气候变暖,病毒的感染率本身就在下降,这样一来,就会高估疫苗的有效性;反之亦然。

为了解决以上这些问题,需要使用双重差分,而不是单一差分的方法。这时,我们需要观察两组,在两个时间段的情况(感染率),第一个时间段是推行全民疫苗政策之前,第二个时间段是推行疫苗政策之后(如表 10.3 所示)。

表 10.3 双重差分的分组

|  | 第一阶段(推行疫苗前) | 第二阶段(推行疫苗后) |
|---|---|---|
| 处理组 | 无全民疫苗 | 全民疫苗 |
| 对照组 | 无全民疫苗 | 无全民疫苗 |

首先,需要得到第一阶段处理组和对照组的差值($\Delta Y_1$)并将其作为基准,这个基准测量的是处理组和对照组原本的差异。其次,计算第二阶段处理组和对照组的差值($\Delta Y_2$),并将第二阶段得到的差值减去第一阶段的差值,便得到疫苗对于感染率的效应($\Delta Y = \Delta Y_2 - \Delta Y_1$)。表 10.4 展示了这一计算过程。

表 10.4 双重差分计算过程

|  | 第一阶段<br>(推行疫苗前) | 第二阶段<br>(推行疫苗后) | 差值 |
|---|---|---|---|
| 处理组 | 无全民疫苗 $Y_{T1}$ | 全民疫苗 $Y_{T2}$ | $\Delta Y_T = Y_{T1} - Y_{T2}$ |
| 对照组 | 无全民疫苗 $Y_{C1}$ | 无全民疫苗 $Y_{C2}$ | $\Delta Y_C = Y_{C1} - Y_{C2}$ |
| 差值 | $\Delta Y_1 = Y_{T1} - Y_{C1}$ | $\Delta Y_2 = Y_{T2} - Y_{C2}$ | $\Delta Y = \Delta Y_2 - \Delta Y_1$<br>$= \Delta Y_T - \Delta Y_C$ |

从另一个角度想,这一过程也可以表述为,先计算对照组第二阶段与第一阶段的差值($Y_C$),再计算处理组第二阶段与第一阶段的差值($Y_T$),进而对差值求差,来计算疫苗抑制感染的作用($Y = Y_T - Y_C$)。无论是先作纵向差分还是先作横向差分,双重差分的结果都是一致的,该结果可以用图 10.1 直观反映:如果没有疫苗,处理组和对照组感染率的趋势应该相同。因此,在处理组和对照组差值恒定的假定情况下,对不同时间以及不同组别的城市两次作差,就可以得出全民疫苗对于感染

率的影响。

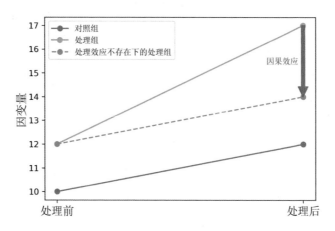

**图 10.1 双重差分示意图**

　　双重差分法被广泛应用在评估法律和政策的效果上,为识别法律政策及其成效之间的因果关系提供了有力证据。不过,要从双重差分法的结果迈向因果关系,也还需要进一步探讨遗漏变量和选择性偏误等问题,特别是,法律和政策的制定,是否是外生的——这有时较难成立,因为很多法律和政策的制定,恰恰是根据当地的特殊情况而来(因而是内生的)。同时,一般还要检测处理组和对照组在处理前,是否有同样的趋势(满足"平行趋势"假设)。这里的细节还有很多,我们不做过多展开。读者需要牢记,较一般的相关性分析而言,双重差分法更有助于识别因果关系,但其自身还不能完全确证因果关系。

　　2. 应用示例:降低最低法定饮酒年龄对驾驶事故死亡率的影响

　　在美国,各州对法定最低饮酒年龄有着不同的规定,而一些州曾修改最低年龄的立法。1971 年,佛蒙特州将最低饮酒年龄从 21

岁调整为 18 岁,即 18 岁后即可饮酒;地理上与佛蒙特州接近的宾夕法尼亚州,其法定最低饮酒年龄自 1935 年以来一直是 21 岁。

佛蒙特州这一立法变化,为研究饮酒对驾驶事故的影响提供了条件。有研究者对 1970 年和 1971 年后两州 18 至 20 岁的年轻人的驾驶事故死亡率进行了分析。[①]该研究的基本框架非常直观,可以用表 10.5 说明:

**表 10.5 法定最低饮酒年龄变动对驾驶事故死亡率的影响**

| 驾驶事故死亡率<br>(每千人) | 1970 年 | 1971 年后 | 差值 |
|---|---|---|---|
| 佛蒙特州(处理组) | 0.28 | 0.73 | 0.45 |
| 宾夕法尼亚州(对照组) | 0.42 | 0.39 | -0.03 |
| 差值 | -0.14 | 0.34 | 0.48 |

可以看到,在降低法定最低饮酒年龄前,佛蒙特州 18 至 20 岁年轻人的驾驶事故死亡率为每千人 0.28,其后上升为每千人 0.73,上升了每千人 0.45。而作为对照组,宾夕法尼亚州在 1971 年前后的驾驶事故死亡率分别为每千人 0.42 和每千人 0.39,有着小幅下降。通过计算处理组和对照组前后变化幅度的差异,即"双重差分值",可以得到法定最低饮酒年龄下调所产生的处理效应(即效果)。双重差分值清晰地表明,法定最低饮酒年龄下调显著地增加了驾驶事故死亡率。

① See Philip J. Cook, and George Tauchen, 1984, "The Effect of Minimum Drinking Age Legislation on Youthful Auto Fatalities, 1970-1977", *The Journal of Legal Studies* 13 (1):169-190.

**扩展阅读:使用回归模型计算双重差分的结果**

在数据分析中,一般使用回归模型计算双重差分的结果。在以上最低饮酒年龄的例子中,需要对 $Y_{st}$(第 $t$ 年 $s$ 州的死亡率)设置如下的回归模型:

$$Y_{ts} = \alpha + \beta Treat_s + \gamma Post_t + \delta_{rDD}(Treat_s \times Post_t) + e_{st}$$

展开来讲,回归模型中有三个重要因素:

1)表示受处理地区的虚拟变量,$Treat_s$,下标 s 提醒我们这个值会随着地区的不同取不同的数值。当数据来自佛蒙特州时,变量 $Treat_s$ 等于 1,当数据来自于宾夕法尼亚州时,$Treat_s$ 等于 0。

2)用于表示处理后时期的虚拟变量,记为 $Post_t$,下标 t 提醒我们这个值会随着时间的不同取不同的值。当数据是 1971 年之前(两个州的法定最低饮酒年龄均为 21 岁),$Post_t$ 等于 0;当数据是 1971 年之后(佛蒙特州的法定最低饮酒年龄下调为 18 岁),$Post_t$ 等于 1。

3)交互项 $Treat_s \times Post_t$ 是两个虚拟变量的乘积,模型估测出的这一项的系数就是双重差分法得到的结果。

这个结果是怎么得出的呢?可以用表 10.6 来展示。

**表 10.6 双重差分表**

| 驾驶事故死亡率 | 1970 年<br>($Post_t = 0$) | 1975 年<br>($Post_t = 1$) | 差值 |
|---|---|---|---|
| 佛蒙特州<br>($Treat_s = 1$) | $Y_{T1} = \alpha + \beta$ | $Y_{T2} = \alpha + \beta + \gamma + \delta_{rDD}$ | $\Delta Y_T = Y_{T1} - Y_{T2}$<br>$= \gamma + \delta_{rDD}$ |
| 宾夕法尼亚州<br>($Treat_s = 0$) | $Y_{C1} = \alpha$ | $Y_{C2} = \alpha + \gamma$ | $\Delta Y_C = Y_{C1} - Y_{C2}$<br>$= \gamma$ |
| 差值 | $\Delta Y_1 = Y_{T1} - Y_{C1}$<br>$= \beta$ | $\Delta Y_2 = Y_{T2} - Y_{C2}$<br>$= \beta + \delta_{rDD}$ | $\Delta Y = \Delta Y_2 - \Delta Y_1$<br>$= \Delta Y_T - \Delta Y_C$<br>$= \delta_{rDD}$ |

> 将 $Treat_s = 1$ 和 $Post_t = 0$ 代入公式 $Y_{ts} = \alpha + \beta Treat_s + \gamma Post_t + \delta_{rDD}(Treat_s \times Post_t) + e_{st}$，便得到了 $Y_{t1} = \alpha + \beta$，其含义为，在处理组，在法律变化前，驾驶事故死亡率为 $\alpha + \beta$。同理，将 $Treat_s = 1$ 和 $Post_t = 1$ 代入公式，便得到了 $Y_{t2} = \alpha + \beta + \gamma + \delta_{rDD}$，意味着处理组法律变化后，驾驶事故死亡率的值。以此类推，当我们将所有的数带入表格并取差值时，结果正是双重差分回归公式中交互项 $Treat_s \times Post_t$ 的系数。

## 三、断点回归

### 1. 概述

断点回归(regression discontinuity, 简称 RD), 是指利用现实中出现的"断点"推断变量之间的因果关系, 是另一种准实验方法。在随机实验中, 我们将一群实验对象随机分成实验组和控制组, 这两组对象除了在是否受实验干预影响有所差异外, 其他方面完全相似。断点回归则试图在真实世界和历史数据中找到由某些事件("自然实验")形成的实验组(处理组)和控制组(对照组), 进而推断因果关系。

我们用一则例子介绍断点回归方法的基本原理。假设要研究大学教育对学生毕业后收入的影响。一个最直接的方法是, 分析人口收入数据, 以是否上过大学作为自变量、年收入作为因变量直接进行回归分析。显然, 这种方法存在严重的内生性问题。比如, 往往是那些智力更高、家庭条件更好、父母受教育水平更高的孩子能够考上大学, 而这些因素(智力、家庭条件)本身也在影响着收入。

　　为了解决内生性问题,可以用高考分数线作为断点进行分析。假设大学录取的最低分数线为 500 分,大于或等于 500 分的学生可以上大学,低于 500 分的学生则不能上大学。断点回归的核心思想是,只关注分数线附近的个体,比如,分数恰好为500 分(可以上大学)和恰好为 499 分(不能上大学)的学生。如果人数足够多,可以认为这两组学生平均而言在智力、知识水平、勤奋程度等众多方面都差别不大——只是因为运气稍好,一些学生刚刚超过了分数线;因为运气稍差,另一些学生不幸和分数线差了一点。这时,可以将分数恰好为 500 分的学生视为处理组,把分数恰好为 499 分的学生作为对照组。对于这一群分数正好在分数线附近的学生来说,这种分组几乎是完全随机的。并且,除了有没有上大学这个变量,他们的其他条件几乎相同。如果又收集了这些学生毕业后的收入数据,我们就可以通过比较处理组和对照组来确定大学教育对于未来收入的影响。这就是断点回归的基本思路。

　　从具体场景看,断点回归可以分为两类,一类是清晰断点回归(Sharp RD),如果大学严格按照分数线录取,并且所有学生都服从这一安排,在这种情况下,学生上大学的可能性在录取分数线处就会发生一个从 0 到 1 的跳跃:低于录取分数线的学生(对照组)上大学的概率为 0,高于录取分数线的学生(处理组)上大学的概率为 1(如图 10.2 所示)。

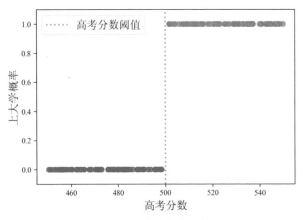

图 10.2　清晰断点回归

　　另一类是模糊断点回归(Fuzzy RD)。比如,一些高于录取分数线的学生,由于个人偏好或误填志愿等因素,没有上大学。同时,一些低于录取分数线的学生,可以凭借其他条件(特长生、优惠政策加分等)进入大学。在这种情况下,断点附近的不连续性并未表现为从 0 到 1 的跳跃,而是在录取分数线附近,分数高的学生上大学的概率明显高于分数低的学生(如图 10.3 所示)。

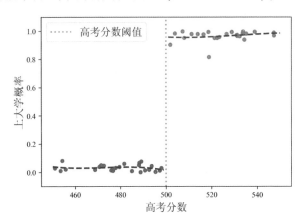

图 10.3　模糊断点回归

如果还收集到若干年后这些个体的年收入信息,我们便可以推断大学教育对收入的因果效应。比如,在高考成绩 499 分的个体和 500 分的个体之间,存在一个未来收入上明显的"断点"跳跃(图 10.4),那么,我们便有了很强的证据说明,正是上大学造成了这种差异,即上大学显著影响了个体未来的收入。通过比较阈值附近处理组和对照组的平均差异,还可以较为准确地测度处理(干预)的实际影响,即对于这些个体而言,上大学到底带来了百分之多少的收入提升。可以看到,无论是清晰断点回归还是模糊断点回归,断点回归方法之所以能够得出因果关系,是因为它利用阈值(断点)附近观测值在处理(干预)分配上的随机性,消除了潜在混杂因素的影响。

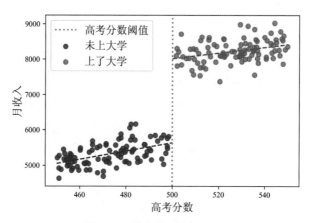

**图 10.4 收入的"断点"跳跃**

2. 应用示例:法系渊源与女性 HIV 感染率

全球感染 HIV 的人口过半数是女性,80% 以上的女性 HIV 感染者居住在撒哈拉以南的非洲。在《法系渊源与女性 HIV》一文中,研究者使用断点回归方法,用大量数据证明,女性权益的法律保护直接影响着女性的 HIV 感染率——婚姻和财产的法律保护越弱,女性在婚内性行为中的自主性就越小,越容易感染 HIV。[1]

对女性权益的法律保护水平与法系直接相关联。在大陆法系国家,女性在离婚时可以分割家庭资产,这使得女性的离婚成本更低、更容易走出不幸的婚姻——这又反过来使得丈夫更为尊重女性,也使女性有了更高的家庭地位。作者推测,这种情况下,女性更有能力要求丈夫在性行为时使用避孕措施,从而减少性行为带来的 HIV 感染风险。相反,在普通法系国家,女性离婚时通常只能带走嫁妆,而无法分割其他资产。这削弱了女性的婚内地位,使得女性在性行为中的自主性更弱,因而增加了 HIV 感染风险。

为了证明以上猜想,作者用抽样方法收集了撒哈拉以南 25 个非洲国家的 HIV 感染数据,并分析了法律制度与女性 HIV 感染率的相关关系。分析发现,生活在普通法系国家的女性感染 HIV 的概率显著更高。这一相关关系在控制了经济发展水平等因素后仍然成立。当然,相关性不代表因果关系,要识别法系对 HIV 感染率的影响,还需要排除很多复杂的混杂因素。

为了确认法律制度与女性 HIV 感染率的因果关系,作者使用了断点回归的方法。在撒哈拉以南非洲,一些部族的居住地跨越两个不同的国家——一边是大陆法系,另一边是普通法系。作者将国界线取作断点,分析同一部族人口在国界两侧的 HIV 感染率。由于非洲的国界大体是由殖民者臆断,而不因山川形势而划,因此,国界两侧的地理和自然环境一般并无显著不同;同一部族的文化和习俗又无不同。唯一的区别,便是法律制度。

---

[1] See Siwan Anderson, 2018, "Legal Origins and Female HIV", *American Economic Review* 108(6):1407–1439.

　　图 10.5 展示了研究的核心发现。图中 $x=0$ 的虚线代表国境
线，左右两边则为两国居民距国境线的距离。该线左侧显示的是大
陆法系国家的情况，右侧为普通法系国家。如果仅观察距离国境线
较近的地区，可以认为，这些地区除了法系不同以外，其他方面都较
为相似——这便有了类似随机分组导致组间同质的效果。从国境
线左侧到右侧，女性 HIV 感染率发生了明显的跳跃，这意味着生活
在普通法系国家的女性有着显著更高的 HIV 感染率。

　　作为对照，图 10.5 中的右图绘制了国境线两侧男性的 HIV 感
染率——此处并未出现类似于左图的断点跳跃。这意味着，法系
的影响仅作用于女性，也进一步说明了法系、女性权益保护和女性
HIV 感染率三者间的关系。

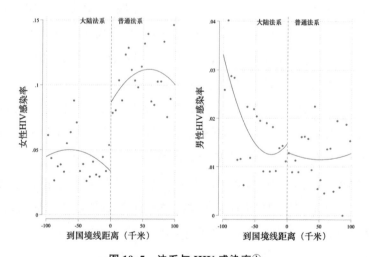

**图 10.5　法系与 HIV 感染率①**

①　See Siwan Anderson, 2018, "Legal Origins and Female HIV", *American Economic Review* 108(6):1407–1439.

## 四、工具变量

### 1. 概述

工具变量(instrumental variable,简称 IV)方法是一种常用的估计因果关系的方法。在许多研究中,研究者希望了解某个变量如何影响另一个变量。然而,这两个变量之间可能存在内生性问题。这时,可以选择使用工具变量方法。工具变量的基本思想是在自变量和因变量之外找到一个新的变量(即工具变量),它与自变量相关,但与因变量仅通过自变量而相关(或者说,与因变量的误差项无关)。这样,就可以通过工具变量来间接地获取自变量对因变量的影响,避开了无法观察的干扰因素。

我们用一个例子来说明这个原理。假设想要研究监狱在押时长(刑期)对罪犯出狱后收入的影响,一个简单的做法是将刑期作为自变量,将出狱后的月收入作为因变量,分析其相关性。但是,有很多因素既影响刑期,也直接影响出狱后收入。一些因素可以观测到,比如犯罪的类型、是否累犯等,可以直接在回归分析中加入这些因素作为控制变量,排除他们的影响。

但是,还有一些很难直接观察到的变量,也可能同时影响刑期和出狱后收入。例如,个人品德较差的罪犯,法官可能判断其出狱后再犯概率高,因而量刑时给出的刑期也更长;而同样由于品德较差,这些罪犯在出狱后也较难找到稳定工作,因而收入较低。由于很难准确度量个人品德,我们难以将其对收入的直接影响从刑期对收入的影响中分离出来。

这时,我们可以找一个与个人品德无关,但与其刑期时长紧密相关的变量作为工具变量。晚近的研究中,研究者常用每个法官的量刑平均严厉程度(即一名法官总体上有多严厉)作为工具变量。举例而言,假设有四名法官,他们处理的案件大体一致(比如,案件是随机分配给他们的),而他们对过去所有案件的量刑如表10.7所示。显然,丙是最为严厉的法官,丁是最为宽大的法官。

表 10.7　法官严厉程度

| 法官 | 对过去所有案件的平均量刑时长(严厉程度) |
|------|------------------------------------------|
| 甲 | 4 |
| 乙 | 6 |
| 丙 | 8 |
| 丁 | 3 |

　　法官的严厉程度这一变量显然影响刑期时长,但除了通过影响刑期,却不直接影响罪犯出狱后的收入水平——这与罪犯的个人品德这一变量非常不同。

　　我们可以用实验的思路理解工具变量的方法(表10.8):处理组是严厉法官组(乙和丙),对照组是宽容法官组(甲和丁)。假设犯罪嫌疑人由哪一名法官审理是随机决定的,当样本量足够大(犯罪嫌疑人足够多)时,分配至两组的样本,便大体是相似的。如此一来,两组犯罪嫌疑人大体只是因为法官严厉程度的不同而获得了不同的刑期。在此基础上,可以进一步观测两个组别的罪犯在出狱后收入的差异——干预的处理效应,即刑期对收入的影响。在这里,作为工具变量的法官严厉程度,在某种意义上起到了随机实验中分组的效果,它直接影响着自变量(刑期时长),再通过影响自变量(刑期时长)影响着因变量(出狱后收入)(表10.9)。

表 10.8　以实验分组的思路理解工具变量方法

| 法官 | 对过去所有案件的平均量刑时长(严厉程度) | 罪犯 | 刑期 | 出狱后月收入 |
|---|---|---|---|---|
| | 工具变量(Z) | | 自变量(X) | 结果变量(Y) |
| 甲 | 4 | 张三 | 4 | 3000 |
| 甲 | 4 | 李四 | 3 | 3500 |
| 乙 | 6 | 王五 | 5 | 1500 |
| 乙 | 6 | 赵六 | 6 | 1200 |
| 丙 | 8 | 孙七 | 7 | 500 |
| 丙 | 8 | 周八 | 8 | 300 |
| 丁 | 3 | 吴九 | 4.5 | 2000 |
| 丁 | 3 | 郑十 | 3.5 | 3300 |

表 10.9　法官严厉程度、实验分组和实验结果

| 法官 | 过去对所有案件的平均量刑时长(严厉程度) | 组别 | 出狱后平均月收入 |
|---|---|---|---|
| 甲 | 4 | 对照组 | 3250 |
| 乙 | 6 | 处理组 | 1350 |
| 丙 | 8 | 处理组 | 400 |
| 丁 | 3 | 对照组 | 2650 |

　　另一个直观的表达是,可以将犯罪嫌疑人遇到的法官的严厉程度看成一种"运气":遇到严厉法官,"运气"不好,刑期长,未来收入受影响;遇到宽松法官,"运气"较好,刑期相对较短,未来收入相对较高。这种运气,与犯罪嫌疑人的特性无关,却通过量刑时长影响了未来收入。而这一"运气",却帮助我们排除了其他因

素,精确测量刑期对收入的因果性影响。

也可以参照图 10.6 抽象地描述这个过程:找到一个工具变量 Z(法官严厉程度),它和 X 高度相关,因此 Z 可以通过 X 间接影响 Y( $Z \to X \to Y$ );但是,理论上,Z 与 Y 无关——Z 仅仅通过其对 X 的影响,而对 Y 带来影响。这样一来,可以通过计算 Z 引起的 X 的变动,来间接识别出 X 对 Y 的影响,也即因果效应。通俗地讲,工具变量是在借力打力:借 Z 对 X 的影响力,识别出 X 对 Y 的影响。

$$Z \longrightarrow X \longrightarrow Y$$

图 10.6　工具变量示意图

工具变量方法的关键在于寻找一个好的工具变量,这需要研究者深入理解研究问题的背景,找到一个既与自变量相关,又与因变量无直接关系的变量。一个好的工具变量应同时满足以下两个基本条件:

(1)高度相关性:工具变量应该与研究者关心的自变量存在高度相关关系,在上面的例子中,即法官严厉程度与量刑时长之间存在高度相关性。用"借力打力"的方式理解就是,Z 对 X 必须要有足够的影响力度,才能满足借力的前提。

(2)外生性:工具变量与因变量无直接关系。这意味着工具变量不应直接影响因变量,而只能通过自变量来间接影响因变量。如果工具变量与因变量直接相关,那么工具变量方法将不能消除无法观察的干扰因素,从而导致无法准确估计因果效应。用"借力打力"的方式理解就是,Z 不能直接对 Y 有影响,否则力的传导就无法纯粹通过 X 来实现。需要注意的是,外生性难以采用定量的方式进行检验——我们只能通过论述,论证工具变量 Z 与因变量

Y 并无直接联系。比如,法官严厉程度与犯罪嫌疑人未来收入,本不应有任何直接联系。

2. 应用示例:制度与经济发展

在此,我们分析政治经济学领域的著名论文《殖民地起源与比较发展》①,进一步介绍工具变量方法在因果推断中的应用。该论文旨在探讨制度对各国经济发展的影响。不过,制度和经济似乎是"鸡生蛋"和"蛋生鸡"的关系——很难确定,是好的制度导致了高速的经济发展,还是经济发达后国家建立起更好的制度。为了确证制度与经济发展间的因果关系,作者创造性地使用前殖民地国家的场景,利用欧洲殖民者在殖民初期的死亡率为工具变量,展开分析。

文章试图用数据证明,欧洲殖民者在各殖民地遭遇了迥异的生存环境,尤其是传染病环境——环境的差异体现在殖民初期殖民者的死亡率上。初始生存环境和死亡率的不同,致使殖民者在各殖民地采取了不同的政治、经济和法律制度,这些制度一旦建立,便形成路径依赖,有着极强的延续性,影响绵延至今。具体而言,在死亡率较低的区域,殖民者倾向于长期定居,因此,他们引入了以长期建设当地为目标的各项制度,期望保护产权、发展经济,获取长期利益。而在早期死亡率较高的区域,即在传染病流行、不适宜长期居住的区域,殖民者倾向于建立掠夺型政体,借以更为有效地榨取自然资源和劳动力,运往母国或其他殖民地。换句话说,生存环境较好、死亡率较低,殖民者便建立更为长期和稳定的包容性制度;反之,殖民者便更关注短期利益,实施掠夺性政策。这些

① See Daron Acemoglu, Simon Johnson, and James A. Robinson, 2001, "The Colonial Origins of Comparative Development: An Empirical Investigation", *American Economic Review* 91(5):1369-1401.

不同的制度渊源,流传至今,影响了各国今天的制度特征,又间接决定了各国今天的经济发展水平。

在数据分析上,作者使用殖民初期死亡率作为工具变量,以各国当前的制度质量为自变量,以各国当前的经济发展水平(人均GDP)为因变量,进行了回归分析。作者绘制了如图10.7的散点图,其中横轴是殖民者死亡率的对数值,纵轴是各国当前的制度质量(使用美国政治风险服务集团提供的数据加以度量)。一个国家的制度质量数值越高,表明该国更多地采纳包容性制度——更为重视产权保护、司法独立、教育公平、个人自由等。不难发现,殖民初期死亡率和前殖民地国家当前的制度质量之间存在高度相关性,满足了殖民初期死亡率作为工具变量的高度相关性条件。

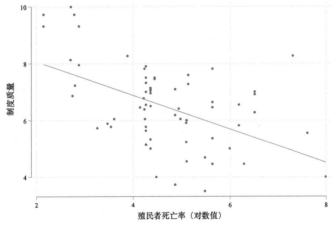

**图 10.7　殖民者死亡率和前殖民地国家当前制度质量**[①]

① See Daron Acemoglu, Simon Johnson, and James A. Robinson, 2001, "The Colonial Origins of Comparative Development: An Empirical Investigation", *American Economic Review* 91(5):1369-1401.

只是,殖民者在殖民初期的死亡率以及实施的制度也很可能受到当地自然资源、地理环境、气候等因素的影响,而这些因素也直接影响各国在当代的经济发展水平。为了解决这个问题,作者着力论证死亡率这一工具变量的外生性。作者论述,疟疾(特别是恶性疟原虫)和黄热病是欧洲殖民者死亡的主要原因。由于欧洲人普遍缺乏对这两类疾病的免疫力,因此在非洲、印度和加勒比等疟疾和黄热病肆虐的地区,殖民者面临着非常高的死亡率。相反,当地居民由于普遍拥有对这两类疾病的免疫力,因此死亡率要低得多。这意味着,决定殖民者死亡率的疾病因素并不会对一个国家的经济发展产生直接影响,因为这些疾病对于当地居民的健康并不构成威胁。换言之,殖民初期死亡率只可能通过影响殖民者对殖民地的制度选择而影响当代经济发展,而并不存在其他影响经济增长的渠道。因此,作为工具变量,殖民初期死亡率能够很好地满足外生性的要求。

将欧洲殖民者死亡率作为工具变量后,作者采用了两阶段最小二乘法(2SLS)来估计制度质量对当代国家经济发展的影响。在第一阶段,作者使用殖民者死亡率来预测前殖民地国家在当代的制度质量。他们发现,殖民者死亡率与制度质量呈显著负相关。具体而言,殖民者死亡率每增加100(每千人),制度质量指数(0-10)降低约1.3个单位。这表明,在那些殖民初期死亡率较高的地区,殖民者更可能实施掠夺性政策,并形成制度传统,导致当代制度质量也较差。在第二阶段,作者使用第一阶段估计出的制度质量来预测当代国家的经济发展水平(以人均GDP为指标)。他们发现,制度质量与人均GDP呈显著正相关。具体而言,制度质量指数每增加1个单位,人均GDP增加约40%。这表明,制度质量的提高对经济发展具有显著的促进作用。

通过这两个阶段的估计，作者验证了理论假设：在那些殖民者死亡率较低的地区，殖民者更倾向于建立长期稳定的制度，这些制度往往有利于经济增长。相反，在那些殖民者死亡率较高的地区，殖民者往往实施掠夺性政策，导致当地社会和经济的长期发展受到阻碍。这种历史遗留影响在很大程度上解释了不同国家之间当前的经济发展差异。作者认为，他们的研究结果为相关政策的制定提供了启示。例如，对于那些历史上曾受掠夺性殖民政策影响的国家，国际社会应该通过提供制度建设和技术支持等方面的援助，帮助他们摆脱历史遗留问题，实现经济发展。

《殖民地起源与比较发展》是经济学中非常著名的研究。要评价其结论的可靠性，需要考虑其具体的数据处理方法，特别是，作者使用的工具变量是否真的是外生的——殖民者在殖民地的死亡率，特别是其背后显示的生物和地理因素，是否真的与当代经济发展并无直接关系。关于这一问题，学术界讨论纷纭，我们留待读者自己思考。思考这一问题也将帮助读者进一步理解工具变量方法的有效性和它在应用中的难度。

# 第十一章　决策边界

至此,本书介绍了预测和因果推断两类方法,以及他们在法律领域的应用。在有关预测方法的章节中,我们介绍了决策树、线性回归、神经网络等常用算法。由于本书主要关注算法在法律场景中的应用,而文本是法律领域较常见的数据类型,我们在第七章中专门介绍了人工智能如何应用于文本数据的处理,即自然语言处理和大语言模型。本质上来说,大语言模型做的也是预测的工作,只是其分析对象从人们所熟悉的"数字"变成了"文本";当然,文本也需要转化为数字,才能被机器处理。在因果推断部分,我们介绍了因果关系在法律效果评估和政策法规制定中的重要意义,以及探索因果关系过程中面临的诸多挑战。随后的两个章节则介绍了因果推断的两种方法,即随机对照实验和自然实验。

纵观本书,一个数据科学中的重要概念可以帮助读者融会各章知识,即"决策边界"。第三章和第六章都曾讨论决策边界——它是指将输入空间划分为不同类别的分界线或分界面。在二元分类任务中,决策边界将输入空间分为两块——根据模型的预测,一个样本点会被分到决策边界的某一侧,从而被划分为某个类别。这里,我们尝试用决策边界的概念来梳理全书内容,加强对人工智能和数据科学中各类方法的整体理解。

## 一、决策边界与预测

**回归模型**。我们从回归模型开始梳理。回归模型是一种基于输入变量与输出变量之间线性关系的预测模型。模型试图通过算法找到一个线性方程,该方程可以最好地描述因变量与自变量之间的关系。逻辑回归本质上是一种线性模型,它的决策边界表现为一条直线,将特征空间划分为两个部分,一侧表示正类,另一侧表示负类。设想一个简单的例子:使用信用卡用户的收入和信用评级,预测该持卡人是否会违约(不予还款)。在这里,将"发生信用卡违约"定义为正类(用 1 表示),"未发生信用卡违约"定义为负类(用 0 表示)。

我们用一个逻辑回归模型来预测信用卡违约的概率。模型的输入特征为收入( $x_1$ )和信用评级( $x_2$ ),输出为是否违约( $y$ )。假设模型参数为 $w_1$ 和 $w_2$ ,截距为 $b$ ,那么回归模型的决策边界可以表示为:

$$y = \begin{cases} 0, w_1 \times x_1 + w_2 \times x_2 + b > 0 \\ 1, w_1 \times x_1 + w_2 \times x_2 + b \leq 0 \end{cases}$$

这意味着,当满足 $w_1 \times x_1 + w_2 \times x_2 + b > 0$ 时, $y$ 取 0,用户不会违约;反之,若 $w_1 \times x_1 + w_2 \times x_2 + b \leq 0$ ,则 $y$ 取值为 1,预测用户会发生信用卡违约。

现在,假设已经获取了 21 位用户的收入、信用分以及信用卡是否违约的记录,根据这些记录,回归模型拟合得到了一个决策边界,如图 11.1 所示。

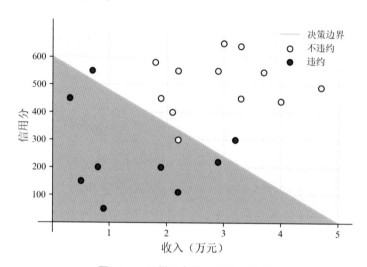

图 11.1　逻辑回归模型的决策边界

根据决策边界,预测结果可以表示为:

$$y = \begin{cases} 0, & 132 \times x_1 + x_2 - 600 > 0 \\ 1, & 132 \times x_1 + x_2 - 600 \leqslant 0 \end{cases}$$

可以通过以下两个具体的样本来说明决策边界的含义。假设有客户 A,收入为 3 万元,信用评级为 500 分,可以计算得 132×3+500−600>0。这意味着,模型预测该用户会落在决策边界右上方,即不会发生违约。另有客户 B,收入为 1 万元,信用评级为 300分,可以计算得 132×1+300−600<0,表明模型预测该用户将发生违约行为。

在线性回归模型中，决策边界是由收入和信用评级构成的直线。依照这条直线，可以根据客户的收入和信用评级预测他们是否会违约。不难发现，部分实际未发生违约的用户被预测为违约，而部分实际发生了违约的用户却被预测为不违约。这些预测的错误，就是模型的误差。

**树模型**。对于同样的问题，我们也可以使用树模型来划分决策边界、进行分类预测。决策树模型是一种树形结构的预测模型，它通过逐层对输入特征进行判断，从而得出最终的预测结果。决策树中的每个非叶结点表示一个特征判断条件，而叶结点则表示预测结果。在决策树模型中，每个非叶结点的判断条件形成了直线，这些直线又组成了分段函数，这些分段函数就是决策边界。换言之，这些直线将空间划分成多个区域，每个区域对应一个叶结点的预测结果。根据输入特征值，模型将预测一个样本属于哪个区域，从而得出最终预测结果。显然，这与线性回归模型中的单一直线决策边界有所不同。

继续沿用上述 21 位信用卡用户的例子。根据这些数据点，我们使用决策树模型得到了如图 11.2 所示的决策边界。与图 11.1 中由线性回归模型得到的单条直线构成的决策边界不同，决策树模型得到的决策边界是多条线段的叠加。这使得模型可以刻画特征之间的非线性关系——在一些情况下，这有助于提高预测的准确性。不难发现，根据图 11.2 的决策边界，模型已经能够对大多数的点实现准确的预测。

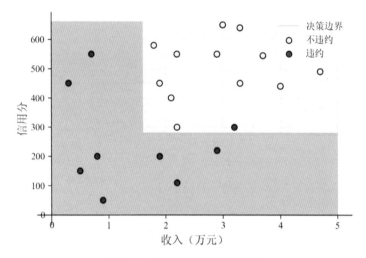

图 11.2　决策树模型的决策边界

　　我们可以将上述决策边界表述为大家更为熟悉的决策树(如图 11.3 所示)。这个决策树模型的含义是,当输入一位新用户信息时,模型会首先分析其信用分是否小于 260:若是,则直接判断这名用户将发生信用卡违约。若信用分大于 260,则进一步对用户的收入进行分析:若月收入小于或等于 1.7 万元,则判断这名用户将发生信用卡违约,反之则判断该用户不会发生违约。

　　**神经网络模型**。在以上例子中,决策树模型的预测准确率相较于回归模型有所提高,但仍然有一名用户的分类结果和实际观测结果不一致。那么,是否能够进一步提高决策边界在这一训练集上的分类(预测)准确性? 答案是肯定的。除了为决策树模型设置更大的深度外,我们也可以尝试使用神经网络模型生成的决策边界。

　　神经网络模型由多个层次的神经元组成。神经元之间通过权

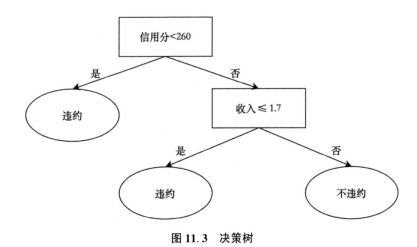

**图 11.3 决策树**

重连接,每个神经元都有一个激活函数,用于将输入信号转换为输出信号。在神经网络模型中,决策边界是由神经元之间的权重和激活函数共同决定的。神经网络模型的决策边界可以是非线性的,甚至可以是高度复杂的曲线或曲面。因此,它可以更灵活地适应数据中的复杂结构。

回到信用卡违约的例子。图 11.4 展示了用神经网络模型生成的决策边界。与回归模型和决策树模型相比,神经网络的决策边界显然更加灵活,它不再局限于直线或者是线段的叠加,而是直接生成了具有更优拟合效果的曲线决策边界。这一决策边界对训练集上所有用户是否会发生信用卡违约都作出了正确的预测。当然,由于神经网络模型的"黑箱"特征,我们很难清楚地解释模型背后具体是如何运作的。也要注意,以上的分类都是在训练集上进行的;训练集上分类准确性的提高,不代表模型能更好地在测试集上进行准确预测。模型泛化能力如何,需要在测试集上进行测试。

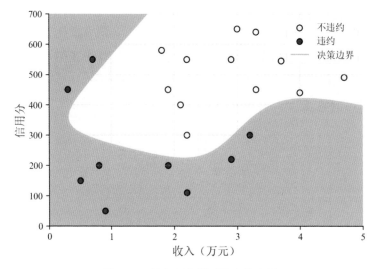

**图 11.4　神经网络模型的决策边界**

**聚类**。我们也可以从（决策）边界的角度理解聚类算法。聚类是一种无监督学习方法，它将数据划分为若干个簇，使得相似的数据点归入同一簇，不相似的数据点分配到不同簇。在聚类中，模型通过度量数据点之间的相似性或距离来形成的不同的簇，也即分类。当然，由于是无监督学习，我们并不清楚分类的准确性——只是大体上作了分组的工作。而类别之间的边界，即为决策边界。

我们继续以信用卡违约的数据为例。这里，假设只知道 21 个用户的收入和信用分，但并不知道他们是否违约。图 11.5 使用聚类算法将数据点根据他们之间的距离分成了两个簇，并展示了两个簇的簇中心。两个簇之间的边界，是"信用分 = 360"（收入对分类并无影响）。这个边界，其实就是决策边界，也叫聚类边界。聚类的算法一般到此为止。当然，我们也可以用聚类算法的结果来推测大体的违约情况。比如，可以推测，若用户信用分大于 360，则不会违约;反之,则会违约。显然,这样的预测虽然有一定的参考价值,但在准确率上却并不理想。事实上,当研究者拥有一批已知标注结果的数据点(即训练集)时,监督学习算法往往是更好的选择。无监督学习算法如聚类,更适合缺乏先验知识(特别是结果变量)的场景。

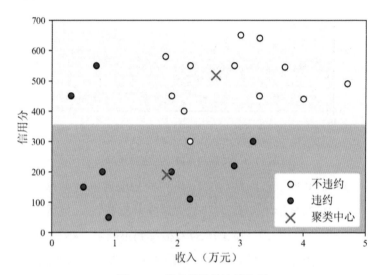

**图 11.5　聚类算法的决策边界**

## 二、决策边界与因果推断

决策边界可以用以解释预测问题中的各种算法,也可以用于理解因果推断。考虑这样一个问题:出于宏观调控的目的,央行将市场利率提高了一个百分点。利率提高会对信用卡用户的守约能力和违约行为产生怎样的影响?

这是一个典型的因果推断问题,"因"和"果"分别是"市场利率"和"信用卡违约情况"。根据常识,可以推测,由于市场利率提高,贷款利率也会随之升高。这意味着,信用卡用户每个月需要还款的金额也会增加,部分用户无力偿还本息,将不得不违约。我们仍然使用以上 21 名用户的数据进行分析。在图 11.6 中,展示了基于逻辑回归模型绘制而成的决策边界。在利率变动后,假设用户的最新违约情况如图 11.6 所示。根据这些数据点,可以绘制新的决策边界。图中红色虚线部分对应的是初始利率下的决策边界,而绿色实线对应的则是利率提高后的决策边界。

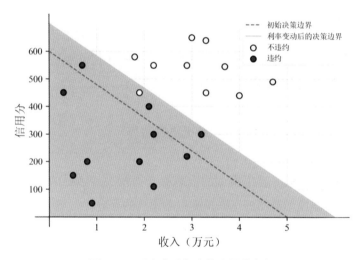

**图 11.6　利率变动与决策边界的变化**

可以将新的决策边界表示如下:

$$y = \begin{cases} 0,117 \times x_1 + x_2 - 700 > 0 \\ 1,117 \times x_1 + x_2 - 700 \le 0 \end{cases}$$

对利率变动前后的决策边界进行比较,一个最直观的发现是,利率提高后的决策边界向右上方发生了明显的移动。这意味着,被判定为违约的空间发生了明显扩张。例如，在初始利率下，某位月收入为 2.2 万元、信用分为 400 的用户并不会发生违约，但在利率提高之后，他将出现违约行为。因此，可以认为市场利率的提高会增加用户信用卡违约的现象。

这里对决策边界变化的描述，很大程度上简化了真实世界中进行因果推断的难度。真实世界中，我们无法观察到平行时空——同一个用户不可能既身处低利率情况，又身处高利率情况，并同时被研究者所观测。这时，随机实验和自然实验的方法就显得尤为重要：例如，可以对随机分组而成的两批用户施加不同的市场利率，并比较他们的信用卡违约情况——这是随机实验的思路。由于社会问题和法律问题的复杂性，发现因果关系往往需要借助巧妙的研究设计和识别策略。

## 三、最优决策边界

至此，我们一直用模型的准确率来衡量决策边界的优劣——准确率，即模型给出的正确预测占总预测的百分比。需要注意，为了介绍的便利，前文一直以模型在训练集中的预测（分类）准确率为标准，但在实践中，我们必须在测试集进行预测，并衡量准确率。模型在训练集准确率高，可能只是"记忆"了训练集中数据的特征，而非真正找到了数据中的规律，这就是人们常说的"过拟合"问题。出现过拟合，意味着模型很难在未知的数据集上实现准确预测。

预测准确率高，通常意味着模型可靠且有效，但也并不总是如此。很多时候，准确率本身远远不足以衡量模型优劣。第四章中曾介绍,在一些情况下,数据(特别是结果变量)是不均衡的,如果模型仅考虑准确率,将缺乏实用价值。例如,在电信诈骗识别中,诈骗电话仅占所有电话通信中的一个很小的百分比。我们可以设计一个模型,将所有通信电话都预测为不是诈骗——这一模型既简洁,又有着很高的预测准确率,但显然,它完全丧失了检测电信诈骗的能力。在另一些情况下,准确率并不一定能全面考虑真实世界中的预测后果。比如,将无辜的人误判为有罪(假阳性)或放过真正的罪犯(假阴性)都有严重的社会后果,而前者对司法公正带来的危害恐怕要远大于后者——一次犯罪不过是污染了水流,而一次不公正的司法却是污染了水源(培根)。[1]因此,衡量模型的优劣,不能仅看它的预测准确率,还要看它如何平衡这两种类型的错误。这便是评价模型的一般性准则。

---

[1]　参见[英]弗·培根:《培根论说文集》,水同天译,商务印书馆 1983 版,第 193 页。

# 结　语：机器能取代法官吗

　　回到本书标题中的问题:机器能取代法官吗?

　　用机器作法律决策,是很多伟大思想家的梦想。比如,莱布尼茨便试图将法律简化为一组可以在机器上自动执行的算法,在告知案情后,便可给出法律结论。在不少人看来,机器更为公正无私,由机器而非法官来进行判决,将彻底消除人类在执法过程中的自由裁量以及由此引发的滥权,从根本上去除司法中的法外因素,保障裁判公正。在今天,由于人工智能技术的飞速发展,实现这一梦想似乎并不遥远。

　　通过本书的介绍,读者了解到,使用数据科学和人工智能技术,机器确实可以学习并模拟法官的法律决策。比如,通过学习以往的判决书数据,算法可能会发现,盗窃金额为 10 万元的犯罪嫌疑人,一般会被判处三年有期徒刑;金额为 15 万元的,一般会被判处四年。通过找到这些规律,算法便能够模拟法官进行量刑。这便是机器学习的思路——通过总结经验,归纳规律,再将规律应用到相似的场景上。另一种思路是专家系统:将刑法的规定直接告知机器,盗窃金额为 10 万元的,判处三年有期徒刑;金额 15 万元的,判处四年。通过将复杂的规则体系编入机器,机器便可以用逻辑推理(即演绎)的方式来量刑。

　　同理,在民事案件和行政案件中,机器学习和专家系统也能够帮助机器作出类似于法官的法律判断。比如,在买卖合同案件中,通过学习以往的判决书数据,算法可能会发现,法官一般判决违约方返还合同价款,并全额赔偿因违约而给对方造成的损失。在类似的案件中,算法便可以应用相同的逻辑对案件进行判决。同样地,也可以将合同法的条款编辑成计算机指令,并命令机器直接应用逻辑推理来进行判断。

　　理论上,只要数据量足够大(即能够被学习的案件足够多),或是,只要输入的规则体系足够全面,机器便能够进行类似于法官的法律判断,完成法律适用工作。只不过,这两个条件在现有的科技水平下都很难完全实现。现实世界极其丰富,法律的细微之处千差万别,人们很难穷尽其中的逻辑命题,并通过专家系统的方式去复刻和自动化法律中的所有逻辑体系。机器学习的方法似乎更可行一些,但是也面临着数据和成本的问题——现实的法律问题繁多,这对机器理解法律的能力提出了极高的要求;同时,不少法律问题仅出现在少数的案件中,特质化较强,因而难以获取足够大的训练样本。训练样本不足,机器便难以从中找到规律。更何况,一个案件往往会涉及多个法律问题,不同法律问题的组合,使得机器面临的任务更为复杂。质言之,机器面临着繁多的法律问题类型及这些问题间近乎无穷无尽的排列组合,但用于训练的数据量(判决)却总是有限的。这给机器学习带来了根本性的局限。以上这些问题在刑事法律中较容易克服,因为刑法规定的罪与罚种类本身较为有限,机器容易学习到其中的规则和规律;而民商事交易类型繁杂,案件中涉及的法律问题繁多,便更难被机器所处理。

　　以上还只是法律适用中的问题,即,现实中已经有了明确的法律规定,机器只需要找到这些法律并加以适用,便能作出判断,得出结论。法律实践中,还有两类比法律适用更难被机器处理的问题:一是疑难案件中的判决,二是对案件事实的判断。

在没有明确的法律规定,也没有明确的先例时,机器是无能为力的。这意味着机器难以解决真正的疑难案件(这就是德沃金定义的疑难案件——没有法条和先例可以给出明确结论的案件①)。在疑难案件中,法官一般使用自己的裁量权来作出判断,很大程度上,法官在做着创造法律即立法的工作。立法的依据是法官的社会经验,以及对法律背后价值判断的认识(德沃金称之为"原则",以掩饰司法中无可避免的反民主因素)。这些工作,坦率地说,机器根本无力完成——试想,如何让机器积累大量的社会经验,并用以填补法律空白、制造新的法律呢?这完全超出了机器学习的范围。同样,大语言模型也难以解决这一问题。语言模型的学习对象是人类既有的知识(语言),这意味着其学习的结果也并不能超出既有的规范。

机器也难以对案件事实问题进行有效判断。疑难案件毕竟是少数(虽然很可能是法学研究关注的"关键少数"),但事实问题却存在于每个个案。回到前面的例子,机器有能力判断什么是"盗窃",什么是"违约"吗?判断一个行为是否是盗窃,需要对行为的具体手法、行为时的环境、犯罪嫌疑人的意图等要素进行综合考虑,在司法过程中,这些要素又是通过证人证言、录像、口供等材料所支撑而确立的。面对这一过程,机器很难在这些模态众多的基础材料(文本、录音、视频、图像)中摘录出关键信息,很难理解每

---

① 参见[美]罗纳德·德沃金:《法律帝国》,许杨勇译,上海三联书店2016年版。

一个基础材料对于判断行为性质的意义,很难辨识真伪(特别是证言和口供),更难将这些材料综合,形成对事实的整体性理解。"盗窃"恐怕只是一个简单的例子,法律中的许多判断还要求人们对事实有更为精细的理解。比如,如何判断侵权人是否存在"过错"——判断过错,需要知道社会一般人的注意义务,即需要感知一般人在类似情形下会如何行为;如何判断犯罪嫌疑人是否存在"故意"——判断故意,需要推断其行为时的主观心理状态;如何判断合同违约时对方损失的"可预见性"——判断可预见性,要了解违约方究竟掌握了多少信息,以及应当掌握多少信息;如何判断出售的货品是否有"瑕疵",以及卖方是否履行了告知义务——判断瑕疵,需要知道同类商品一般的品相和状况。此类问题,不胜枚举。

可以看出,对事实进行判断,需要大量的社会生活经验和朴素的实践理性。对人类来说,获取社会经验和实践理性都并不困难——人们大致知道什么是过错、什么是故意、什么可以预见、什么是过得去的商品品质。但对于机器,这意味着算法没有明确的学习任务(即,没有确定的结果变量)以及需要学习的训练集(训练数据)。或者说,训练集是整个社会生活,无边无际。

\*\*\*

至此,我们探讨了机器要替代法官所要面对的难题。实际上,要让机器替代法官,基本上等价于要创造一个强人工智能——这在数十年内几乎没有实现的可能。也很好理解——法律决策涉及复杂的事实判断、规则判断和价值判断,还需要不时根据社会经验和实践理性来创造规则、填补漏洞,这几乎要调用所有最高级别的人类智能。因而,只有具有类似人类智能的机器才可能综合处理。

回过头来,似乎得询问自身:人们真的需要机器大包大揽,完成所有法官的任务吗？实际上，当前智能技术发展的主流也并不是通用人工智能，而是用以解决一个个具体而细小问题的领域型人工智能。这在法律领域同样适用——在破除了对人工智能的幻想后，可以更脚踏实地、更为切实地考虑：机器到底能为法律人做些什么？

第一，与大部分法律人工智能的从业者不同，我们认为，数据科学和人工智能对法律的最大作用是在立法上。对数据的分析和研究，能够帮助人们更好地测量和理解法律的运行效果，进而帮助人们进行更为科学的立法。在我国，很多法学中的重要讨论都缺乏对基本事实问题的调研，特别是缺乏严格的科学证据的支撑。举例而言，法学界一再探讨是否应该废除死刑，但是，对于老百姓对死刑的态度（是否支持废除死刑），对于废除死刑将在多大程度上削弱刑罚的威慑作用、影响社会治理等争议性问题，几乎没有任何朴素观感以外的证据。同样地，刑法学界探讨是否应该提高收买被拐妇女儿童罪的刑罚，通过打击买方市场来遏制收买行为，但是，对拐卖市场的体量、结构，对于卖方的通常身份（是否亲属、熟人），对购买妇女结婚生子是否是刚需，对农村基层执法中的问题，都缺乏系统的认识，这导致我们并不能确定加重刑罚是否真的有利于保护妇女儿童。①在修订民事行为能力年龄下限的法律规定

---

① 刑法学界一直探讨是否应该提高收买被拐妇女儿童罪的刑罚、更为严厉惩罚收买行为，支持方认为要严厉打击买方市场，才能更好遏制拐卖妇女儿童犯罪。参见罗翔：《论买卖人口犯罪的立法修正》，载《政法论坛》2022 年第 3 期。反对方认为，对于生活在穷困山区里的光棍，买媳妇结婚生子是必须要实现的刚需，因而严刑峻法并不能遏制收买犯罪；此外，反对方也猜测，基层执法人员与案发地居民在文化和法律观念上合为一体，官民相护，如果过分严厉打击收买行为，农村基层执法人员碍于乡里情面，更不会严格执法，收买的妇女儿童便更难得到解救。参见车浩：《立法论与解释论的顺位之争——以收买被拐卖的妇女罪为例》，载《现代法学》2023 年第 2 期。

时，学者也拿不出证据说明十岁和六岁的下限哪个能更好地保护少年儿童——因而采取了"折中说"，定为八岁。类似的例子不胜枚举，甚至可以说，缺乏科学证据这一问题，贯穿于法律研究和讨论的每一个环节。缺乏科学证据也就意味着缺乏最直观、最有力的论证工具，这使得法学研究在立法问题上乏善可陈，法学家在重要问题的公共讨论中略显得脚下虚浮、根基不稳。实际上，大部分立法问题的实质，都是公共政策问题，而公共政策早就已经发展成了一个用数据说话的学科。

　　数据分析和数据科学当然不可能解决立法中遇到的所有问题，但是他们却能为很多问题提供科学证据，帮助人们加深对立法领域大量问题的理解。比如，通过对三万多人的调查数据的分析，研究者发现大约仅有68%的中国人支持在刑法中保留死刑——这远比不少法学家想象的要低，甚至也比日本、我国台湾地区的支持率要低——我国老百姓普遍支持死刑的说法，并不可靠。同时，社会精英（受过大学以上教育的民众）的死刑支持率比一般民众要高出10%，这说明对死刑的支持更多的来自社会精英，废除死刑的民意阻力，恐怕也主要来自受过一些教育又担忧社会公共问题的民众。[1]通过数据分析还发现，即便控制了受教育的因素，经常在网上发表意见的民众较一般民众而言，也远为支持死刑（高出8%）。这说明，网上的民意并不一定代表真实的民意。网络上喊打喊杀

---

[1]　See John Zhuang Liu, 2021, "Public Support for the Death Penalty in China: Less from the Populace but More from Elites", *China Quarterly* 246:527-544.

的,并不一定是典型的中国民众。①又比如,不少中外学者都对庭审直播是否会影响审判公正有着担忧。美国前最高法院法官戴维·苏特尔(David Hackett Souter)态度激烈:"摄庭审,毋宁死"(the day you see a camera coming into our courtroom, it's going to roll over my dead body)。针对这一问题,本书作者(刘庄)在我国开展了对庭审直播的实验研究,使用自然语言处理的方法分析了大量的庭审语音数据。研究发现,在庭审直播时,只有当事人的语速显著放慢,法官和诉讼代理人语速则没有显著变化,而所有主体的基频(反映说话人音调高低)范围显著缩小。同时,法官更多使用法言法语,显得更为庄重肃穆。这些发现表明,庭审直播促使当事人在庭审中更加谨慎,直播减少了所有主体在庭审中的极端情绪和行为;具有较多直播经验的法官和诉讼代理人则不会受到直播的过多影响。这都说明庭审直播没有对审判公正性造成干扰。②

可以看出,对于几乎每一个立法和法律政策的问题,我们都需要提供、也可以提供很多使用数据科学方法得出的科学证据。在技术层面,人工智能为问题的研究和解答提供了大量基础材料。比如,研究裁判文书,需要借助一系列自然语言处理技术对文书文本进行清理,对信息进行抽取和结构化;研究庭审直播,需要借助语音识别技术,将庭审语音转录为文本,并对文本进行语义理解和分析。又比如,2023 年,《治安管理处罚法》修订草案征求意见,引

---

① See Johnn Zhuang Liu, 2021, "The Internet Echo Chamber and the Misinformation of Judges: The Case of Judges' Perception of Public Support for the Death Penalty in China", *International Review of Law and Economics* 69:106028.

② 参见唐应茂,刘庄:《庭审直播是否影响公正审判? ——基于西部某法院的实验研究》,载《清华法学》2021 年第 5 期。

起了全社会的热议,人们在全国人大网站上留下近十万条意见和建议。显然,仅仅依靠人工阅读和整理很难有效分析这些意见。如果真正重视这些意见和建议,则需要对其进行主题提取和态度识别,并使用特定的方法对其进行汇总、理解和分析。

在人工智能提供的大量材料的基础上,数据科学为研究立法和法律政策研究提供了实证框架和分析工具。回归模型帮助研究者更好地理解法律问题中的相关因素,随机对照实验和自然实验方法可以帮助研究者精确度量法律和政策的实施效果。在这一方向上,有无数新的、有趣的问题值得法律学者深入探索,天地十分广阔。

第二,法律数据科学和人工智能的另一个应用领域是法律决策辅助。算法和机器很难替代法官完成全部工作,但却足以在一些特定领域帮助或辅助法律人和当事人作出更好的决策。

我们曾在第二章介绍,机器可以使用数据预测美国最高法院的判决,准确率超出律师和法学教授等专业人士。从当事人的角度出发,这一算法可以成为很好的决策辅助工具——当算法能够精准预测判决结果时,当事人可以基于预测作出更为理性的决定,比如,是否起诉、是否和解,等等。实际上,更为精细的数据和算法还能为当事人提供更多指导,比如,在类似案件中,哪些律师的胜诉概率更高,哪些法院更愿意支持当事人的诉请、处理速度更快,哪些法院执行效率更高等。在一项研究中,本书作者(刘庄)使用我国公开的裁判文书数据,从中获取了全国律师在诉讼中的信息,这使得我们可以计算每个律师、每家律师事务在每一家法院、每一类案件中的胜诉概率。在相关研究中,我们还分析了全国所有法院的判决时长和效率。根据这些分析,当事人可以更好地选择律师、选择起诉事由，甚至是选择法院。

不只是对当事人，各种各样的决策辅助工具也能够为法院和其他执法机构提供帮助。在第四章中，我们介绍了美国广泛使用的再犯风险预测系统（COMPAS）。通过数据分析，系统可以预测每个罪犯的再犯风险（概率），法官可以根据这些风险预测来调整量刑，以达到震慑和遏制犯罪的社会效果。再比如，我国学者通过分析裁判文书大数据，研究不同法官的量刑差异，进而识别法官量刑中的异常行为，这一方法能够帮助法院更好进行审判管理，推动同案同判，减少审判中自由裁量权滥用的情况。[①]

近些年来，国内外不少法律科技企业投入大量资源研发类案检索和类案推送工具。不论中外，类案都是法官判决的重要参考，也是律师和当事人决策的重要依据。类案检索和分析是每一个法律从业者的基本工作。如果算法能够通过挖掘文本数据，自动进行类案检索和类案推送，将为各个领域的法律工作者提供巨大便利。当然，从现有的发展情况看，国内外的类案识别技术仍然并不成熟，类案的推送也并不准确。不过，随着智能技术的发展，类案识别的技术瓶颈肯定会被突破，类案推送至少将在一部分法律领域得到深入应用。

以上都是数据科学和人工智能提供决策辅助工具的例子。

第三，法律人工智能也能够提供众多自动化工具，降低法律工作成本、提升工作效率。比如，图像识别软件可以对行政执法和庭审直播中的异常行为进行自动识别和检测；翻译工具可以实现不

---

① 参见吴雨豪：《量刑自由裁量权的边界：集体经验、个体决策与偏差识别》，载《法学研究》2021 年第 6 期。

同语言法律文本相互翻译；大语言模型能够对案件、合同、法律意见等文书进行摘要，帮助提升阅读和理解速度等。

在各种各样的技术中，大语言模型给人最多的遐想空间。文本是法律的表达方式，生成文本（"写文件"）是法律领域的核心工作。无论是法官、检察官、律师、企业法务等法律工作者，还是签订合同、参与诉讼的普通人，都以文本为媒介处理法律问题。不少人很早就感到，ChatGPT 等大语言模型在法律领域将会有广阔的应用前景。例如：大语言模型可以回答法律问题、帮助起草合同和文书、辅助撰写判决等。截至本书写作之时，已有不少法律领域的生成式人工智能产品发布，大语言模型对法律工作的改变正在发生。

不过，ChatGPT 等通用大语言模型尚未针对法律进行优化，因此很难胜任专业性较强的任务。如第七章所介绍，一般而言，如果向 ChatGPT 咨询法律问题，它只会给出逻辑基本正确但十分笼统的回答，并在最后建议"应当咨询专业律师的意见并了解相关法律规定"。要让大语言模型具备解决法律专业问题的能力，就需要向模型注入法律知识。这又一般包括两种办法：预训练和微调。目前，无论是怎样训练出来的法律大语言模型，都较难解决模型的"幻觉"（hallucination）问题，即模型生成内容在表面上显得严肃专业，实际上却是胡编乱造——通俗地说，就是"一本正经地胡说八道"。常见的问题是，模型"编造"并不存在的法条和案例。美国一位律师使用 ChatGPT 编写的法律文件，引用了四个并不存在的虚假案例，导致律师受到法庭的严肃处罚。[1]

---

[1]　See Benjamin Weiser, and Nate Schweber, 2023, "The ChatGPT Lawyer Explains Himself", *The New York Times*.

在现有的技术条件下，"幻觉"错误很难被彻底消除，因为它根源于大语言模型的训练原理。大语言模型是基于统计学习的生成模型，通过对大量文本数据的学习，预测下一个可能出现的单词或句子，从而完成对话和文本的生成。在这个过程中，模型会根据预先训练好的统计模型和概率分布，从训练集中选择下一个最适合的词汇，不断生成新的对话内容。如此训练的模型在形式上会显得通顺，但是在内容上却可能出现事实错误。当然，假以时日，我们相信这里的部分问题会得到有效解决，比如，业界已经提出结合大语言模型和知识库（知识图谱）、结合大语言模型和检索算法等思路，这些技术路线都有望减缓模型的"幻觉"问题，提供更准确的领域知识。同时，也完全可以优先使用大语言模型完成一些简单任务，比如，帮助政府部门特别是执法部门生成格式化的行政（执法）文书、帮助法院立案庭摘录起诉材料等——在这些任务中，研究者可以有效限制语言模型的信息来源，避免"幻觉"错误的影响。

# 后　记

　　作为法律人工智能和数据科学的学习者和研究者,我时常感到兴奋和幸福。每当看到基础技术的进步,每当阅读一篇质量上乘的相关研究论文,每当找到一个新的研究问题,每当有了新的发现——喜悦常常不期而来、充盈内心——这是一种探索的喜悦,是对新事物、新发现、新思想的追寻和期盼。我热忱地盼望着这一领域的每一点进步,也希望自己的研究和探索能为之做出贡献,更希望能通过这本著作,把这种期盼的心情传递给读者。

　　只是,"面对大河我无限惭愧",法律人工智能和数据科学是一个广阔的领域,由于知识和见识上的局限,本书作者不可能熟悉这一领域的所有前沿,对知识的介绍挂一漏万,在所难免。我们只能尽自己的能力为之,不留遗憾。

　　法律人工智能和数据科学更是一个飞快发展的领域。就在2024年7月,中国法院(深圳市的两级人民法院)已经研发出了基于大语言模型的审判辅助系统——核心功能是用大模型来辅助生成判决书的说理部分。一开始,法官对人工智能辅助审判充满疑虑。使用几次后,不少法官开始改观。在系统推出后的几天时间,一名法官在她的工作群组里发送了一篇判决书,并说:

　　　　"这是智审(系统)自动生成的,未做任何修改,虽然有点重复啰嗦,但基本可用。

　　事实部分是(我)自己写的,我现在觉得,事实自己整理清楚,(争议)焦点自己归纳好,它生成的'本院认为'还真是可以,有些超乎想象。"

两个月后,我遇到了另一位法官,他告诉我,他现在每个案子都要先用智审系统生成判决说理部分,然后自己再进行修改。他特别提道,人工智能对材料的记忆非常准确,"(写说理时)我还可能忘记一些案件事实",但

　　"它全都记得!"

是的,机器较之人类有着许多优势,比如,机器几乎不会遗忘;机器的发展更是不舍昼夜,迅速扩展到了我们生活和工作的方方面面。今天,就连法律人聚会聊天,最热门的话题也是人工智能,我已数不清有多少回在餐桌上解释 ChatGPT 的建模原理——法官、律师、法学教授们,都听得津津有味。对我而言,很重要的是,当人们开始重视人工智能和数据科学在法律中的应用时,科学视角和科学精神也可能随之扎根在法律研究中。

　　我很清楚地记得,大学报到时,学院老师问我们未来的志向是什么。我半开玩笑地说,我想当一名科学家。老师很自然地回应:来了法学院,当科学家恐怕是没希望了。

　　多年以来,我一直思考这种自然流露。我同意,法学研究在很多方面不同于科学研究。但是,把法学和科学人为区隔开来,排斥使用现代科学(包括社会科学)方法研究法律,并没有自然的正当性。近年来,人工智能所引起的热潮,让不少人重新思考,法律思维和法律推理的机制是什么,法律判断能否被机器取代,法学研究

是否应该基于经验和数据,甚至,法学论文写作是否应该像科学或至少像社会科学研究那样,鼓励学科交叉、多人合作——无论对这些问题的回答是什么,思考本身便将很多科学问题或是与科学相关的问题带入了法律研究者和实践者的视野。

科学视角显然是有益的,但更重要的是,它是有趣的。科学——对世界的好奇——能够吸引最活泼的心灵。最近几年,我一直在法学院开设法律人工智能相关的课程,学生们最大的感受便是——有趣。这对我而言是极大的鼓舞。另外,也让我反思,法学院的传统教学,似乎并没有教会学生如何去探索或至少是阅读有趣的知识。今天,翻开任何一本科学或社会科学期刊,如果熟悉统计学和数据科学,便能大体读懂其中不少文章。基于数据做研究,是现代科学的通用方法,也是社会科学的常用方法。相较而言,国内的法学研究大体还是教义解读式的,面对大量实证问题,缺乏合适的研究工具,缺乏将研究导向深入的手段,容易轻率地对许多重要事实问题作出判断。同时,阅读法学杂志,对于一名法学博士也显得困难。大部分科学研究都尽可能使问题简化,使文章简单易懂。法学恰恰相反,往往试图玩弄概念,将论证复杂化,以掩盖问题本身的空洞和无聊。"真佛只说家常话"。复杂的话语不代表深刻的理论,晦涩的文风不代表严肃的研究。

如果读者觉得本书的内容是简洁的、有趣的,将是对作者最大的褒奖。我一直努力尝试做有趣的研究,向来不喜拘束,包括(或者尤其是)学科的拘束。细细想来,这种态度和性格来自我的家庭。感谢我的父母、家人对我无限的、无条件的爱,让我从来充满底气,东奔西突,理直气壮。性格决定命运,显然,本书是学问上"东奔西突"的结果之一。用大量数据做研究,在十几年前的法学界显得离经叛道。我想感谢我的导师吴志攀教授。是他和其他许多老师，给了我十分的包容、十分的支持，推着我走上了自己的道路。其实，老师自己也有点"离经叛道"，所思所传，光怪陆离、广博特异，启迪了我的蒙昧。

本书的写作，源于和芝加哥大学 Omri Ben-Shahar 教授的一次闲谈。2023 年春季，我在芝加哥大学讲授法律人工智能课程，Omri 问我，既然能讲课，资料肯定齐备，为什么不写一本专著来介绍这一领域——市面上还没有类似的书籍。这启发我先写出一本中文著作。一是用中文写得更快，二是我总是更愿意为中文读者服务。Omri 是我读书时的导师，也是现在亲近的朋友。他和芝加哥大学其他很多老师一样，为人率直，做学问真诚、纯粹。我记忆中有很多老师们聚在一起讨论学术问题的场景，他们有时睿智深刻，有时争得面红耳赤，有时互相调侃、"讥讽"，有时则过于激烈，甚至不欢而散。但始终不变的是他们对研究问题的那种纯粹。这是我永远需要学习的品质。

本书是一部合作作品，由我和卢圣华教授共同完成。我负责写文字，圣华负责做数据分析和制图。圣华是定量研究的专家，思维敏捷，工作效率奇高，书中那些精美的图表大部分都是他的手笔。有图有真相，一图胜千言。在这个信息爆炸的时代，图像和数据在传递知识中的作用尤为凸显，本书也是一个例子。书中第七章第一节关于《人民法院报》用词的数据分析，是由吴小平完成的；第七章第四节"应用实例：法律大语言模型"，介绍了我们自己制作的法律大语言模型。模型的建立和微调，是由黄致韬完成的。小平和致韬都是我的博士学生，他们探索能力很强，常让我惊叹。

本书游走在法律和数据之间，又有大量图表，审校难度很大。

感谢北京大学出版社的编辑老师杨玉洁、方尔埼、潘菁琪。是他们的认真、细致和专业,让书稿趋于完善。

现在,书稿已经完成,即将面世,我既兴奋,又惴惴,期待着读者的阅读和指正。

刘庄

2024 年 9 月